请有效努力

YouCore 著

北京联合出版公司
Beijing United Publishing Co.,Ltd.

图书在版编目（CIP）数据

请有效努力 / YouCore 著 . -- 北京 ：北京联合出版
公司，2018.7

ISBN 978-7-5596-1987-7

Ⅰ．①请… Ⅱ．①Y… Ⅲ．①成功心理－通俗读物
Ⅳ．① B848.4-49

中国版本图书馆 CIP 数据核字（2018）第 075948 号

请有效努力

作　　者：YouCore
选题策划：北京时代光华图书有限公司
责任编辑：郑晓斌　徐　樟
特约编辑：太井玉
封面设计：新艺书文化
版式设计：张志凯

北京联合出版公司出版
（北京市西城区德外大街 83 号楼 9 层　　100088）
北京晨旭印刷厂印刷　　新华书店经销
字数 204 千字　　880 毫米×1230 毫米　　1/32　　9.5 印张
2018 年 7 月第 1 版　　2018 年 7 月第 1 次印刷
ISBN 978-7-5596-1987-7
定价：45.00 元

你现在的工作，真的没办法养活10年后的自己

◎王世民

1

孙正义说，30 年内，机器人数量和智力均将超越人类。

其实未来会往哪儿走，现在没有一个人能说得清。被炒得沸沸扬扬的人工智能，很可能停留在某个技术瓶颈上，而不会出现超级机器人。

被众多资本疯狂追逐的物联网，也有可能因为性价比的问题，而不会出现理想中的那张万物互联的大网。

被渲染得无所不知的大数据，也很可能到了某个数据界限点的时候，永远也搜集不全一切数据。

我之所以会这样讲，一是人类在基础理论上尚未能认识到宇宙的根本规律。比如，物理学依然建立在两个不完整的理论上：量子力学和相对论。连基础理论都还有巨大的突破空间，哪能一下子就预测到人类的未来呢？

二是历史上人类预测未来的不佳战绩。比如，1969年美国登月后，当时的人们普遍预测50年后，会驾着飞船到月球基地去度假，结果到今天，载人航天的技术也没按照当时的预期发展。

科技发展是不定向的。普通人对未来趋势的预测，总是很难跳出现有技术的束缚。不过，虽然预测不了未来的方向，但有三个未来变化的根本趋势，我们还是能抓住的：

- 高级脑力活动的作用会越来越大；
- 社会呈指数式变化，发展速度会越来越快；
- 人与人的关系会越来越重要。

2

人类是靠智力站上地球生物链顶端的。因此，这10万年来，人类的技术革命本质上就是省出更多的时间，从事更多的脑力活动与创造。

从吃生食到吃熟食，人类省下了进食和消化的时间。

从采摘社会到农业社会，人类省下了到处觅食的时间。

从靠肌肉的力量到靠能源和机械的力量，人类省下了体力劳动的时间。

正是这些省下的时间，让脑力劳动者的数量超过了体力劳动者，也让人类的创造越来越多，发展越来越快。

越发达的经济体越是如此。有了机械化，美国2%的农业人口养活了98%的人，还有大量剩余农产品出口。

因此，人类未来的改变方向，会进一步节省低级、重复性脑力活动的时间，从事更高级的思考和创造。

对人工智能的预测，就是这个发展方向之一。

问题来了。如果未来时间省下来了，我们的大脑却不能从事更高级的思考和创造，我们该怎么办？

我们会不会像英国工业革命时期的手工作坊主一样，被时代抛弃，或破产，或沦为城市无产阶级呢？

当成长在新时代，适应更高级思考竞争的新生代进入职场后，身为"70后""80后""90后"的我们，还能不能保证自己未来有一份工作？

3

相较于动不动上百万年才发生变化的自然演化，社会变化是以年为单位的，速度是自然演化的上百万倍（见图1）。

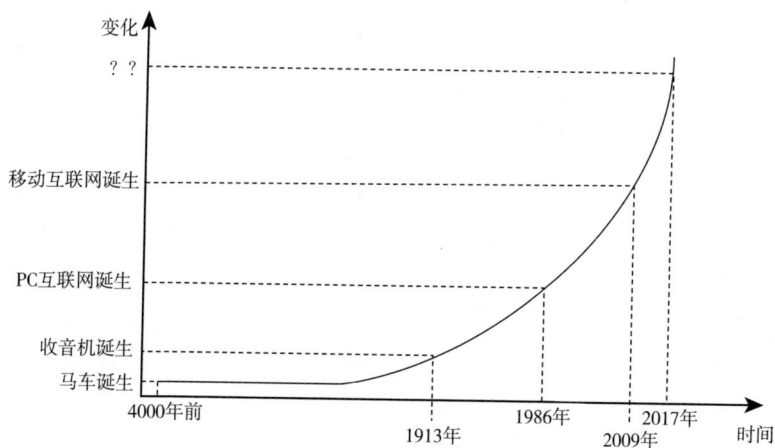

图1　人类社会呈指数式加速度发展

想想这 40 年来，我们已经经历了多少次社会变迁，未来的 30 ～ 40 年，这种变迁只会越来越快。

再也没有哪一份职业，可以确保我们干一辈子了。

2011 年，我曾给 IBM 的某位同事推荐过一份上市公司 CIO（首席信息官）的工作。薪资很诱人，他也挺动心。但临近入职的时候，他还是拒绝了。理由是，我 1993 年就进入 IBM，已经很适应了，这辈子在 IBM 退休也挺好。

可惜，事与愿违。2014 年，他不得不拿着补偿金，离开了曾以为会在此退休养老的公司。之后 3 年，他换了 3 家公司，做过 4 份不同的工作。用他的话讲：这是在还债，还待在舒适区 18 年所欠下的债。

但他还是相对好的案例。有些同事甚至离职 1 年后，都没找到像样的工作。经过颠沛流离的创业、自由职业，最后委身于曾经怎么都看不起的某布料城 IT 部。

在这个指数式变化的时代，依赖经验的人，终究都会输给适应变革，学习新东西快的人。

4

未来对技能的倚重越来越小。越来越多的分析技能或工程技能会被取代，或是被人工智能取代，或是被其他某个尚未知的技术取代。

论下围棋的技能，新版 AlphaGo Zero，仅自学 3 天，就能轻松击败最顶尖的职业选手；论初级法律咨询的技能，IBM Watson（沃森）轻松以 90% 以上的正确率，击败哈佛、斯坦福法学院毕业生们 70% 的正确率，并成功抢走他们 76% 的饭碗；论投资分析技能，高盛、纽约证券交易所这样顶尖的金融证券机构，已经一秒钟都离不开人工智能，曾经的精英交易员们已经杳无踪影。

但是人与人之间的联系会变得更为重要。

人类社会发展的历史，就是一部人与人的关系更加密切的历史。从采集社会的偶然相遇，到农业社会的车马往来，到工业社会的语音电波，到信息时代的互联网，再到如今的移动互联。人与人之间的联系，成本越来越低，方式越来越便捷。

未来，不与人交往的技能岗位会越来越少（因为容易编程化，机器取代起来很容易），而侧重于人与人交往的岗位会越来越多。

5

未来的变化方向未定，但我们知道这个变化会越来越快。我们应该做什么工作，才能应对这个不确定的未来？

其实，这个世界已经没有不被淘汰的工作。应对未来，最好的做法就是提升自己的思维力、学习力和人脉力。

提升思维力：构建思考框架的能力

体力劳动会被取代，这已经是一个持续了百年的故事。低级的、可编程的脑力活动会被取代，这是一个正在发生的故事。

会计、初级律师、人事、政府低级职能人员，这些岗位被取代已成为大概率事件。随着机器的进一步发展，技术能力会进一步让位于使用技术的能力。因此，作为未来职场人，我们需要的不是创造数据、分析数据的能力，这两项，机器做起来比我们好得多。未来需要的是，能够利用机器的分析，又有更高层次产出的人。

除了研究基础理论和重大技术突破的人，未来绝大多数人都不需要技术能力（机器会代劳），需要的是能构建思考框架，以更好地使用技术、整合运用信息的能力。

这个能力从哪儿来？从你能找到合适的思考框架开始，到能熟练应用这些思考框架，最后到自己改善甚至创造思考框架。

提升学习力：适应未来的敏捷能力

在社会呈指数式变化的时代，我们要重新定义文盲：并不是指那些不会读书写字的人，而是指不会学习和再学习的人。

这个时代，知识被淘汰的速度大大加快。我们大学里学习的内容，有多少已经过时了呢？这个时代，每天都在产生大量的新知识。我们如何才能吸收到所需要的知识？

未来，数据会爆炸、新技术会层出不穷。我们如何才能第一时间就使用掌握新技术？

这一切，都需要我们升级学习能力。知道应该学什么，从哪儿学，怎么输入、理解、加工，怎么应用和升级。

每一个"70 后""80 后""90 后"，都会面临至少 3 ～ 4 次职业变迁。因此，我们最好以学习力为基础，构建出自己的能力树，打磨好自己的可迁移能力，以适应未来的职业变迁。

提升人脉力：发挥人与人关系的能力

未来，对人际交往能力的偏重会越来越大，对技能的偏重会越来越小。越来越多的技能会被机器，或者其他技术代替，因此仅凭借"一技之长"、无视人际关系的人，可能在未来会越来越艰难。任何一个想在未来职场立足的人，最好从现在起，能够提升与人交往的能力、表达关心和同情的能力、与他人合作的能力。

目 录

工作上所有的努力，
都是为了此生的幸福

没有人可以轻松面对人生的拐点 //002
大城市小城市，你选的不过是社会地位 //010
为什么找到好工作的，从来不是你 //016
工作生活要平衡？先问自己配不配！ //022
不懂这四点，你即使去了大公司也没用 //028
如何做到无视环境制约傲娇地成长 //033

谁的青春不迷茫，
只要比别人醒得早

为什么你的 10 年工作经验不值钱 //042
如何克服阶段性迷茫 //052

入错行了，怎么办 //057

怎么能在混吃等死的日子里，鼓起劲好好做成一件事 //063

是谁偷走了你的灵感 //071

你是如何在职场上谋杀掉自己的 //077

没学历、没经验，凭什么你就敢按本能做事 //087

你是如何一步步失去自我的 //096

你那么努力，
你领导知道吗

初入职场，如何让领导半天就"爱上你" //104

你那么努力，你领导知道吗 //112

会写工作总结的人，更容易升职加薪 //120

还在追求完美主义吗？别傻了！ //128

不做老好人，三步打造有效人脉关系 //134

面对超强度的压力，我该怎么办 //140

请将你的能力长成一棵树，
而不是一片草

请将你的能力长成一棵树，而不是一片草 //148

如何构建完整的知识体系框架 //160

自控力不强的人，就没资格学习了吗 //170

这可能是史上最有效破解学习焦虑的方法了 //176

一上台就尿？神秘公司流出秘籍，简单五步治尿 //182

时间紧、任务重时，如何做出最优决策 //192

想提高学习能力？掌握这一个方法就够了！ *//198*

我努力了，为什么考试还是通不过！ *//203*

看《摔跤吧！爸爸》，你学到习惯如何养成了吗 *//212*

关于碎片化学习，看这一篇就够了 *//218*

What？！ 10 个用户需求竟然 9 个是假的 *//224*

咨询顾问从业近 30 年，真正读懂他人需求 *//236*

升迁 or 辞职，
这压根就不是问题

替领导买张火车票竟然有这么多门道！ *//248*

每周总有 7 天不想处理下属的烂摊子 *//264*

只要三步，轻松摆脱 80% 的选择烦恼 *//270*

别和我谈升职，我想辞职 *//277*

附录　核心概念及工具包索引 *//285*

工作上所有的努力，
都是为了此生的幸福

没有人可以轻松面对人生的拐点

文 / 王世民

一份工作的"精髓"到底是什么

钱不是工作的"精髓"

知乎上有一个热门问题"因为穷，你做过什么？"，点赞最多的回答是"工作"。在佩服这个答案精辟之余，我们也看到了工作在大多数人眼中的意义——提供生存或生活所需的钱。

钱确实是工作最基本的价值，这是我们 YouCore 为何愿意给应届毕业生开月薪 1 万 + 的出发点，也是 BAT（百度、阿里巴巴、腾讯）、华为给"技术男"开高薪的原因所在。但这远远不是一份工作的"精髓"，若是仅仅为了赚钱，工作并不是唯一途径，甚至不是最佳途径。

掌握专业知识或技能也不是工作的"精髓"

假设时光倒转回 1980 年，你以维修收音机为生，而且是本地最牛的维修人员。请问在 2018 年的今天，你赖以为生的是收音机维修知识或技能吗？

时间来到了 2010 年，你是一名会计。识别假发票的专业、出具财务报表的娴熟让你在老板眼中有着不可或缺的价值。随着国家税务总局大力推行电子发票，财务软件越来越智能地出具财务报表，在不久的将来，会计工作全部自动化后，你的会计知识和经验还能作为你寻找下一份工作的资本吗？

2016 年，假若你是一名追踪热点新闻资讯的记者，在《福布斯》《纽约时报》等知名媒体 80% 的新闻资讯都是机器编写的潮流趋势下，仅靠撰写新闻稿的知识和技能你觉得离失业还有多远？

近两个世纪以来，人类一直在加速度发展，社会充满了活力和可塑性，呈现变动不休的状态，现在一年的变化比过去 100 年的变化都要大。30 岁的人也可以告诉那些打死也不信的青少年："我年轻的时候，整个世界完全不是这样。"就拿你现在一刻也离不开的网络来说，你能相信互联网在 20 世纪 90 年代才开始广泛使用，至今也不过 20 多年历史吗？现在我们已经完全无法想象没有网络的生活会如何了。

计算机对世界的了解指数式提升，在未来 5 ~ 10 年，新技术平台会让大多数传统行业重新洗牌。所有指数式技术刚诞生的一段时间都会令人失望，一旦开始成熟，只要短短几年就会成为卓越和主流。未来一切可被编程化的脑力工作——比如会计、BI（商业智能）分析师、英语培训老师、围棋教练等，都可能会被机器取代，而且机器会做得比人类更好。

2016 年，AlphaGo 击败了世界最好的围棋棋手之一李世石，标志着机器已经踏入了"无标准答案问题"的解决领域，并宣告在局部领域相较人类的领先。

在美国，年轻律师已找不到工作（全美法律就业协会查发现，2014 届法学院毕业生中，只有 24% 在 2 月前找到了法律相关领域的工作）。由于有了 IBM 沃森（"沃森"是能用自然语言回答问题的人工智能系统），几秒钟内就可以得到法律咨询，虽然到目前为止，还只能提供基本的法律服务，但精确率达 90%；相较而言，年轻律师的正确率只有 70%。将来 90% 的人在机器帮助下都会是无师自通的通才律师。

因此，无论你现在从事的是哪个行业的工作，都无法保证未来 5 ~ 10 年内这个岗位还会继续存在。岗位，甚至行业都没了，你用 10 年时间积累的专业知识能否帮助你有竞争力地迁移到另一个新生行业呢？显然不能！

"钱"不是，"专业知识"也不是，那到底什么才是一份工作的"精髓"？

在这个人类社会指数式变化的时代，工作的精髓在于给你提供了一个萃取"可迁移能力"的机会。

什么是"可迁移能力"

"可迁移能力"就是你从一个岗位转到另一个岗位，或从一个行业跨到另一个行业后可复用的能力。讲人话就是，今天你是一名会计，明天给你换岗做 HR（人力资源），你可以复用在会计工作中萃取的能力干好；6 个月后再给你换岗做市场推广，你依然可以复用在会计、HR 工作中萃取的能力干好。

人类现有的所有工作中，70% 的核心能力是相通的

会计、HR 和市场推广之间的知识差异很大，几乎都要重新学习，但是这三种工作所需的核心能力至少有 70% 以上重叠：

- 读懂对方需求的能力；
- 针对对方需求快速设计解决方案的能力；
- 快速学习或整合解决方案所需新知识或信息的能力。

其实不只是会计、HR、市场推广工作的核心能力有很多相同之处，人类现存的所有工作中，70% 的核心能力要求都是相通的。通用的核心能力就是可迁移能力，也是我们应该从任何一份工作中都可以萃取出来的。

萃取"可迁移能力"是应对不确定未来的最好准备

我们可能正在接近下一个奇点（singularity）。奇点是理论物理学将爱因斯坦的广义相对论应用于宇宙学时，提出的一个概念，奇点前后的宇宙物理规则是完全不一样的。宇宙大爆炸（Big Bang）就是一个奇点，在这个奇点之前，我们认知的所有自然法则都不存在，就连时间也不存在。

在抵达下一个奇点之际，我们谁都不知道人类下一步会发展到哪儿，什么新的行业会产生，自然也不知道什么知识会对下一份工作有用。这种状态下，我们最好的准备不是储备不知道何时会失效的知识，而是在工作中萃取可适应不确定未来的"可迁移能力"。

怎样从工作中萃取"可迁移能力"

每一份工作其实都是一段非常精彩的阅历，你能从这段阅历中萃取出多少可迁移能力，取决于你构建和应用"框架"的能力。我在《思维力：高效的系统思维》一书中重点强调过"框架运用的好坏，决定了我们解决问题、表达和学习质量高低、速度快慢"，而这也直接决定了我们职场进阶的速度。

能否有效地构建和应用"框架"对从工作中萃取"可迁移能力"的影响有多大，可以看看我的两位大学同学的职场发展轨迹。

我有两位大学同学，当年被深圳某企业进校招聘时一起聘用。他们是同样的岗位、同样的起薪、同样的工作内容。一位在这家企业待了3年，毕业10年后已是某企业的总经理，跻身银行定义的高净值人士行列；另一位在这家企业待了两年，现在是深圳关外某工厂IT部门的经理，连在深圳立足都有些吃力。同为还不错的985院校毕业生，

同样的起步，到底是什么造成了两者的差距？

当时两人同时参与一个企业管理软件实施的项目，工作挺辛苦，工作日基本每天都要加班到晚上十一二点，因此周末休息时喜欢找我聚餐当放松。吃饭时问他们这周的工作情况基本也成了保留节目。

说起工作情况，现任总经理的这位一般会说："这周对客户供应链业务的理解，以及跟客户访谈挖需求方面还行，不过在跟客户高层对话、督促客户工作进度上还真与带我们的顾问有差距。下周我准备找一本项目管理的书，系统地捋一下项目管理方法。"

而现任 IT 经理的这位一般会说："摊上这个项目真倒霉！日本客户的要求特别变态，带我们的顾问又太面了，客户说什么就做什么，一点都不强势，搞得天天加班，有机会的话我还是赶紧换个项目。"

两人后续发展的差距在上面这段聊天中就拉开了。现任总经理的这位整理了一份顾问能力模型图（如图 1-1），因此他能够将项目实际工作跟这个能力模型图做比对，把自己做得不到位的地方在能力模型图中找到对应的点（知道与高层对话、监督客户工作进度属于项目管理中干系人管理和进度管理的内容），从而有目的地找方法、途径去弥补（找一本项目管理的书系统学习）。

因为他掌握了构建和应用框架的能力，换任何工作都会先构建能力框架，再有目的地系统学习和积累经验，因此他从一份工作中萃取的能力就会很全面，而且可复用的能力也很容易在下一份工作中启用。

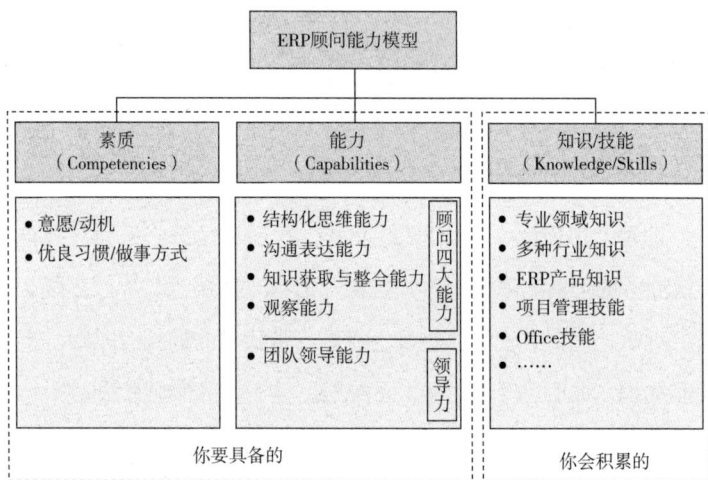

```
                    ┌──────────────────┐
                    │  ERP顾问能力模型  │
                    └──────────────────┘
```

素质 （Competencies）	能力 （Capabilities）		知识/技能 （Knowledge/Skills）
• 意愿/动机 • 优良习惯/做事方式	• 结构化思维能力 • 沟通表达能力 • 知识获取与整合能力 • 观察能力 • 团队领导能力	顾问四大能力 领导力	• 专业领域知识 • 多种行业知识 • ERP产品知识 • 项目管理技能 • Office技能 • ……
你要具备的			你会积累的

图1-1　现任总经理同学为自己构建的能力框架图

而现任IT经理的这位同学则没有这种应用框架思考的习惯，虽然两人做同一个项目，但他完全看不到自己到底在哪个能力维度上有差距，只会抱怨客观环境的不足。即使换另一份工作，他依然没法全面提升能力，而且从上一份工作中积累的能力也非常有限。

这种运用框架分析、解决问题和学习的思维方式就是系统思维。系统思维是一个人从阅历中萃取能力的必备思维，也是能力萃取高低的决定性因素。

引用《思维力：高效的系统思维》一书中的内容作为本文的小结："事实上，即使每天向客户收取5万元咨询费的资深管理咨询顾问也无法做到对任何行业、业务的理解都比客户深，顾问也不可能比客户更了解客户的业务，但是顾问绝对要比客户更懂得如何去解决问题。咨询顾问的核心价值不在于比客户对行业或业务的理解更深，而在于能构建出解决问题的框架来帮助客户，因此咨询顾问赖以生存的基础就是思考和解决问题的系统思维方式。

　　"同样，公司的老板或者高层管理者，也绝不可能在公司的所有业务领域都比下属更专业，如果是这样，公司就不必花大笔薪资请专业人士了。事实上，公司老板和高层管理者的核心价值不在专业知识或行业经验的多少上，同样是在构建框架以解决问题的能力上。这就是企业高层管理者可以转型为咨询顾问、咨询顾问也可以转型为企业高层管理者或者老板的原因。"

大城市小城市，你选的不过是社会地位

文 / 缪志聪

大城市 or 小城市

选择大城市，还是回归小城市，这是个永恒的对抗性辩题。每几个月总有几天要被全民拿出来重新讨论一次。

大多留在大城市的人，内心深处会习惯性看不起生活在小城市的人，认为他们是温水里的青蛙，不思进取。而生活在小城市的人，则会给大城市的人贴上略带俯视的标签，比如"蜗居""加班狂"，或者再加个文艺性的字眼——"孤独"。

其实，大部分人内心或多或少地都会羡慕，或者向往过彼此的另一种生活。

Selena 是我太太的大学校友，毕业后去了扬州一所重点小学当老师。今年学校放寒假，便到上海玩了一阵。恰好住在我家里，于是太太和我便带她到徐家汇和老城区转了一圈。看着白领们出入于高档写字楼，再加上老弄堂里的砖瓦红墙、楼阁小房，她十分喜欢。前段时间才知道，她回去没多久就把从事了近10年的工作给辞了。所谓"世界太大，我想去看看"。

不仅仅是Selena，很多人也一样，在选择大城市还是小城市时，会纠结到眉毛打结。只不过有人最终迈出那一步，最终发现也不过如此；也有人始终没有迈出那一步，活在了自己的"当年"中。

但是，选择大小城市真的是选择不同的人生方式吗？

选择大城市时说：

我每一次呼吸都是梦想的味道；

可以吃最好的食物，穿最时髦的衣服，走路带风地路过北广场；

未来的可能性是，正无穷。

选择小城市时说：

我有时间看书、养花、做饭，然后懒懒地睡个午觉；

早餐吃豆浆油条，处处与人为善，走路也暖暖地慢；

未来的可能性是，做自己。

实际上，无论选择大城市还是小城市，都是在选择可能性。也就是著名社会学思想家韦伯提出的"生活机会"（life chance）：个体可能获得的成就是以其所处的社会地位与其所能得到的资源为基础的。

换句话说，选择大城市或者小城市，都是在选择社会地位。

先赋地位 or 自致地位

无论你承不承认、接不接受，我们所处的社会的确是分层级的。有些人处在较高层级，有些人处在较低层级。处在较高层级的人比处在较低层级的人拥有更多的社会权利，好在社会阶层是可以流动的。

那怎么才能流动呢？人的社会地位分为两种：先赋地位和自致地位。先赋地位是在我们出生时就决定的。很显然，想要社会阶层流动，必然得通过自致地位的实现。

一谈到自致地位的实现，很多人就认为一定要去大城市。这是个天大的误区。当年的"小渔村"深圳，"宁要浦西一张床，不要浦东一间房"的上海浦东，不都是小城市起步吗？拓荒者们同样可以在那里实现自己的梦想。

我的一个校友，上海本地人，刚毕业就被辉瑞录用了，工作地点在兰州，1万多元的月薪在兰州过着神仙般的生活，跳槽的时候更是因为辉瑞这个标签，电话被猎头打到爆。

中小城市的安逸生活，加上国际名企的成长环境，简直完美。但是大城市也有大城市的好处，前几天在网约车上，跟开车的年轻小哥聊起来。

他父母是湖南小县城的普通工人，前几年刚刚下岗失业，家里靠经营一个小卖铺维持生计，没什么积蓄。

"老家没有什么大企业，公务员肯定也考不上，做生意吧，又没有本钱，只能做一些工资很低的工作。别人说小城市安逸，小城市那些不太好的工作岗位，除了工资低，制度还不健全，工作环境差，假期都没有。"他挠头解释，"只好来深圳求发展。在大城市，再怎么样，一个月工资花剩下的都比老家一个月的总工资高。"

想要提升自己的自致地位，首先最重要的一点就是正视自己的先赋地位。很多人谈起小城市，一副说回就能回的样子，事实上，小城市也不是你想回就能回得去的。要正视自己所处的位置，否则就会变成：回不去故乡，离不开城市。

如何提升自致地位

无论是在大城市还是在小城市，先赋地位只能听天由命，自致地位的实现可以从三个方面努力：

物质或经济资源：你拥有什么

经济地位决定上层建筑，要实现自致地位的提升，很重要的一点就是积累更多的财富。这里往往会有一个误区，有些人进出高档写字楼，血拼奢侈品，朋友圈发的都是环游世界，瞬间会让人觉得虚荣心满满，有一种跻身上层社会的错觉，消费主义也在不断地放大这种幻觉。殊不知随着物质资源的不断丰富，消费越来越趋于民主化，想通过炫耀式的消费、符号化的商品来提升自己的社会地位，只是自欺欺人罢了。

社会资源：你认识谁

人是一种社会性动物，人的发展离不开人脉关系。小城市讲究关系，大城市比较公平，如果大城市有关系，会更加公平。

健康的人脉关系，就像舒婷在《致橡树》中写的那样，任何一方都不会是攀援的凌霄花，也不是痴情的鸟儿，而是诗中所写的状态：

> 我必须是你近旁的一株木棉，
> 作为树的形象和你站在一起。
> 根，紧握在地下，
> 叶，相触在云里。

互惠互利是可持续发展的人脉关系的基础。你和某人相识，打过招呼，甚至一起共进晚餐，并不代表这就是你的人脉资源。

芮成钢自称与美国前总统克林顿、日本前首相菅直人等国际政要是"老朋友"，以至于达沃斯经济论坛被网友们戏称为"芮成钢和他的朋友们的聚会"，但当他锒铛入狱的时候，却不见"老朋友们"的踪影。就像《纸牌屋》里的一句话：当你接近权力的时候，会误认为自己就是其中的一部分。

文化资源：你知道什么

提升自致地位的关键是文化资源，也就是你知道什么，你的思维方式是怎样的。

2017年北京高考文科状元熊轩昂在采访中说，知识不一定能够改变命运，但是你没有知识是一定改变不了命运的。"我父母是外交官，怎么讲呢，从小就给我营造一种很好的家庭氛围，包括对我这种学习习惯、性格上的培养，都是潜移默化的。因为我每一步的基础都打得比较牢靠，所以最后自然就是水到渠成。"

社会阶层间的流动，占比最大的障碍就是文化资源的差别。在"阶层固化"这个词出现在公众视野中时，伴随而来的还有一句话："贫民阶层的教育是规矩，中产阶层的教育是才艺，精英阶层的教育是决策。"上层社会孩子所继承的最重要的不是物质财富，而是耳濡目染带来的精神财富——思维方式。

规矩的教育，传统K-12（指从幼儿园到高中）做得很好；才艺的教育，现在也如雨后春笋般冒出来。但是思维的教育及训练，有吗？有，但是落到实处的非常少，这也是我和王世民老师一起设计YouCore核心力系列课程的初衷。

为什么找到好工作的，从来不是你

文 / 谭晶美

内职业发展是个什么鬼

作为 YouCore 公众号的运营者，我经常在后台看到粉丝们抛给王世民老师的各类职场问题，看得最多的就是以下三类问题：

"老师，有人说第一份工作会决定以后的职业道路，那如果我选错了第一份工作，是不是很危险啊？"

"老师，我毕业将近三年换了两份工作，上周刚离职，还没想好下份工作干什么，怎么才能找到适合自己的工作呢？"

"手上有两份入职通知。一家世界 500 强企业，工作氛围、开出的薪酬我还比较满意，但听说晋升比较难；另一家是小型创业型企业，老板很看重这个岗位，发展空间比较大，也明确希望我能过去。两家各有优劣，我比较犹豫，请问老师我该怎么选？"

其实，以上这些问题的症结，归根到底都是一个：只知外职业发展，无视内职业发展。

一个人的职业发展分为两部分：外职业发展和内职业发展。外职业发展代表从事某种职业的时间、职位、薪酬等外显因素的发展和变化。而内职业发展则体现从事职业所需的知识、技能、能力、观念等因素的发展和变化。

我们很容易看到一个人的外职业发展，所以倾向于显性地给自己定下"工作几年做到什么岗位"的目标，殊不知这只是果，内职业发展才是因。

Facebook 首席运营官谢丽尔·桑德伯格历任美国财政部官员、谷歌全球副总裁，在选择去 Facebook 前，有人问已经名利双收的桑德伯格：你为什么要去为一个 23 岁的小孩儿工作？她的答案是，职业发展不再是传统的爬梯子模式。

她在 2014 年为哈佛商学院毕业生做演讲时说："当你们从商学院毕业并开展事业时，要寻找机会、寻找成长、寻找影响力、寻找前景。调整岗位、降级、升级、离职都没关系。要培养自己的能力，而不是去完善一份简历。从自己的能力出发来评估一份工作，而不是关心别人给你的岗位等级。"

尤其在这个多变的社会，前些年流行"打工皇帝"、流行出国，这几年流行创业，飘在上面的风口不停地换。不仅是大潮流，将来什么岗位会消亡、什么职业会产生，这些变化我们一概不知。越不稳定，越没什么规划可言。

在这种情况下，坚守内职业发展，而不是所谓的"职业定位"，可能更是正道。因为从来就没有什么适合的工作，只有自己能做的、喜欢做的事而已。

新入职场，以内职业发展为目标选择工作

虽然没做过详细调查，但我相信 99% 的人可能都产生过逃离第一份工作的念头。为什么呢？有两个主要原因。

第一，绝大多数人的第一份工作都是在不知道自己该做什么的情况下选择的。中国的大学生经常被灌输"先就业再择业"的观念。请问，这种情况下找到理想的第一份工作，可能性有多大？

第二，更关键的是，刚入职场时，无论是能力还是经验都不足，做不好、压力大、挫折多，自然就会增加对这份工作的厌恶感。以前在学校里认为很喜欢的职业，一旦真正从事后就会发现挫折连连，这才发现原来自己压根就不喜欢这个职业，只是喜欢这个职业的光环而已。

因此，职场新人找工作或换工作时，切不要只以自己喜好作为选择工作的标准，因为这种低层次的喜好判断，只能让你不断地从当前工作中逃离，并给你借口：我只是没找到适合自己的工作。事实上，从来没有一个岗位是为你量身定制的。大学生就业难，年轻人职业适应力差，就是过于强调"匹配"而非修炼。

在职业生涯早期和中前期，尤其是尚未毕业的大学生，或者刚进入职场的新员工，一定要把对内职业发展的追求看得比外职业发

展更重要。以内职业发展为目标，借助这份工作，好好积累自己的思维能力、学习能力、沟通能力等。

这些可迁移能力积累好了，制定一个外显的目标，有计划、有步骤地实施。最终，无论你是爱上这份工作，还是最终选择了另一条更好的出路，这段经历都将给予你最大化的收益。

迷惘之际，以内职业发展为手段提升竞争力

YouCore 创始人王世民老师那篇关于能力树的文章（见第四章）被广泛转载后，有不少人私下询问：所处行业如今变幻莫测，在公司每 3 个月就换个岗位，自己也不知道应该干什么了，怎么构建能力树呢？很简单，从内职业发展出发，在这个迷惘期，优先发展自己能力树中的"红叶子"。

我们每个人身上都具备多种能力，有些能力会突显出来，成为能力树中的"红叶子"，而表现一般的能力成为"绿叶子"，较为不足的能力成为"黄叶子"。一棵树上的"红叶子"越大、分布范围越广，整棵树就越容易被看到。

那么，如何发展"红叶子"呢？可以分三步走。

首先，识别能力中的"红叶子"。参考管理咨询顾问这一相当万金油的行业，80% 的能力树树干上可以分出四个枝杈：核心素质、通用能力、专业技能和必备知识。图 1-2 是 YouCore 某位"新媒体运营"岗位同事在这四大分类下识别出的自己的优势能力，也

即"红叶子"。

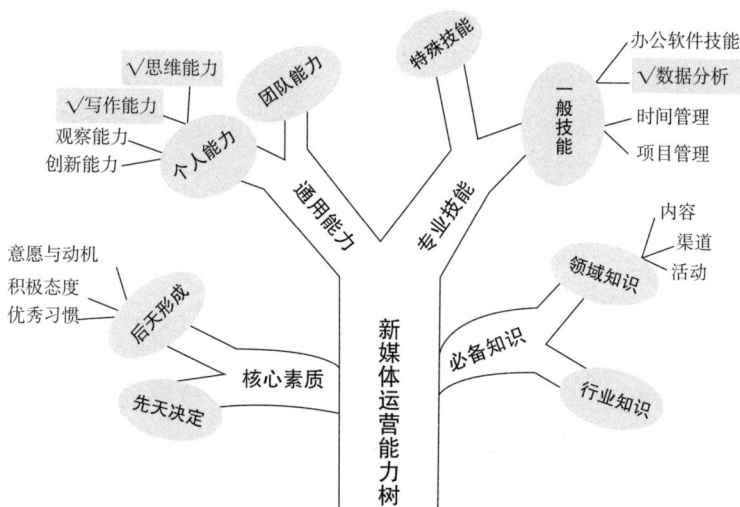

图1-2 新媒体运营能力树

其次，选择重点发展的"红叶子"。解决任何问题时，我们都必然面临资源有限性与需求无限性之间的矛盾。定下多个目标，或者企图一次解决多个问题，并不是明智之举：一来我们精力有限，不大可能一次实现；二来很多方法都相通，初步完成一个目标积累的方法和信息，更有助于达成后续目标。

如何选择重点发展的"红叶子"呢？这里也有两个小技巧：

·基于能力的通用性和时效性考虑，优先发展通用能力和专业技能这两项的"红叶子"；

·选择与日常工作切合度较高的能力，方便下一步制定切实可行的目标，增加在日常工作中刻意练习的次数，并且通过 PDCA（计划—执行—检查—调整）循环不断地督促自己提升。

最后，以应用为目标发展你的"红叶子"。我们可以设置具体、可实操的岗位目标，通过完成工作中每项任务来发展自己的"红叶子"。比如 YouCore 的这位同事，通过上面的方法，将思维能力、写作能力、数据分析这三大能力选定为自己的"红叶子"，他设定的目标就是每周分析一次大 V 公众号的相关数据，并且要逻辑清晰地、用文字形式表现出来。

在如今多变的时代，还想一步一个台阶地以岗位发展来规划职业路径，已不太可能。因为不显山露水的内职业发展远远比依托于外在的外职业发展更重要。

对于新入职场的小伙伴，建议一定要以内职业发展为目标选择工作，将选择一份工作的落脚点放在这份工作是否要求从业者在职业能力上能不断地提升。而对于职场中迷茫的小伙伴，要以内职业发展为手段提升竞争力，构建自己的能力树，识别能力树中的"红叶子"。

当内职业发展到一定阶段，就再也不会纠结如何选择工作了，届时请尽情享受内职业发展的成果，努力去追逐自己的梦想吧！

工作生活要平衡？先问自己配不配！

文 / 刘艳艳

工作、生活平衡的真相到底是什么

前天，大姨风风火火地过来找我："你大外甥魔怔了！天天抱着个手机玩啥农药，邻居张叔家小孩都领第二个月工资了，他到现在连个工作都没着落。这可怎么办哪？"

架不住大姨的疾风骤雨，我这个山寨职业导师只好硬着头皮开导大外甥："你爸不是给你找了份工作吗，你怎么不去？"

这小子两个拇指在手机上飞速滑动，头都没抬就顶了我一句："给你一个月 2000 元的工作，你干吗？"

"那不是还有加班补贴啥的，听你妈说好好干，一个月也能有三四千元呢。"

"一天干 10 个小时，上班 6 天，那还有没有自己的生活啦！怎么着也要工作、生活平衡吧？"

听到这句话，不知为何我心头一股无名火，忍了半天，在心里吼了一句：想工作、生活平衡？你不配！

追求"工作、生活平衡"的人要有资格！要么是功成名就的马云，或者是含着金汤匙出生的王思聪，有足够的物质基础去享受生活。其他没有资格，而又妄谈"工作、生活平衡"的人，不是懒惰就是无能！

没有资格的人所谈的"工作、生活平衡"，无非是少点工作、多点吃喝玩乐。这个潜台词的背后就两个真相：自我放纵的理由、躲避无能的借口。

自我放纵的理由

第一种喜欢把"工作、生活平衡"挂在嘴边的，往往是那些放纵自己的欲望、奢望不劳而获的人，高不成低不就的应届毕业生、拿着父母的救济混着工作的人就是典型代表。他们对"工作、生活平衡"的理解就是：怎么对待工作我还没想清楚，但无论如何都要保证我有充足的休息时间，让我能和家人、朋友一起吃喝玩乐。

为什么他们会有这样的想法，甚至部分人还将其视为时尚、潮流？除了人性天生的好逸恶劳外，消费资本主义大大刺激了这种想法的盛行（他们所谓的时尚、特立独行，其实跟封建社会愚忠君主的行径是一样的，都是在被社会思潮操纵而已）。

在消费资本主义下，人的欲望被无限放大，刺激消费成了经济增长的主要动力。这就是在奴隶社会、封建社会提倡勤俭节约，而到了现代社会却刺激信用消费的原因。西方社会正是在这种消费资本主义的刺激下，绝大多数人优先考虑休闲娱乐，而不是工作，导致了社会和经济发展的放缓。

躲避无能的借口

第二种喜欢把"工作、生活平衡"挂在嘴边的人，通常是那些工作一般般又不想努力去改变的人。他们做不好手头的工作，潜意识里又不想承认自己无能，因此就给了自己一个借口：我是想追求工作、生活平衡，否则只要我愿意，我肯定能干得比你们更好。

> 我有个同学，刚开始工作时就斤斤计较工作时间，哪天如果下班晚了30分钟，简直就好比被人偷了1000块钱，觉得亏大发了。每次聚会他都会说："我不像你们这样，工作得这么辛苦，我追求的是工作与生活的平衡。"奇怪的是，这么多年过去了，似乎生活最不如意的就是他了。当不计较加班、努力工作的同学都在自驾游、出国游、体验各种生活的时候，他还在租着房，盘算着他的那点薪资是不是回老家更好。

因此，如果没有资格，就不要再谈什么"工作、生活平衡"了，它做不了你自我放纵的理由，也担不起你躲避无能的借口。越在没资格的情况下，奢谈"工作、生活平衡"，可能到最后，工作、生活越不平衡。

如何做到真正的工作、生活平衡

那是不是资格不够的人，就做不到工作、生活平衡呢？当然不是！工作、生活平衡，本身就是个伪概念，硬生生地将工作和生活变成了对立的两部分，这种非黑即白的二元思维还停留在小孩子的思维层次（你小时候看电影，是不是最喜欢问谁是好人、谁是坏人）。

工作与生活的平衡，不在于你能不能将两者分开，而在于你能不能融合它们。那要如何才能做到融合呢？关键要做到三点：心态上不再放纵自己，找到你的使命工作，排好不同时间段的优先级。

心态上不再放纵自己

不要再给自己的好逸恶劳盖上"工作、生活平衡"的遮羞布了，努力工作永远是你最可靠的职业武器。哪怕你足够聪明，或者足以胜任某项工作，仍然只有努力工作才会让你脱颖而出。你瞧不起的工作狂，在哪儿其实都有更高的社会地位，无论在东方、西方，在发达国家、发展中国家都是如此。更出乎你想象的是，他们的平均寿命还更长。

找到你的使命工作

要想实现真正的工作、生活融合，光在心态上想努力工作还不够，至少你得有一个能视作事业，或者当作生活一部分的使命工作。

逼着你做一份讨厌的工作，就像你讨厌大葱，但每天都逼着你嚼一根一样，是无论如何都不可能做到工作、生活融合的。那要怎样才能找到使命工作呢？下面的这个 WISE 框架可以帮你。

第一，有意愿（Willing）。

找一份你愿意投入精力、时间、成本的事业去做。注意，是事业不是工作！事业是你想去做的事，而工作是你不得不做的事。

第二，有兴趣（Interesting）。

在这份事业中，找到你的兴趣点所在。可以是先天的兴趣，这个概率比较低；更多的是后天培养的兴趣，通过速赢、与欲望挂钩的方法，培养出自己的兴趣。比如，你很不喜欢读哲学书籍，偏偏事业需要，这时你就可以找一位帅哥 / 美女一起学，并公开承诺自己每周将所学的内容教给他 / 她。看，在美色吸引下，哲学是不是立马就生动、有趣了呢。

第三，你擅长（Strength）。

如果可能，在这份事业中，尽量将自己定位在你最擅长，或别人认为你擅长的工作上。如何发现自己擅长什么？一个简单的方法就是多试、多做。否则就像一位超有吉他天赋的人，如果连吉他是什么样都没见过，又怎会发现自己擅长弹吉他呢？

第四，找平衡（Equilibrium point）。

投入在一份你想做的事业中，而且能做自己感兴趣又擅长的工作，是不是一件在梦中都不敢想的事？是的，这样的好事大多数时候确实是在做梦。

因此，你无须苛求自己找到一份完美符合 WISE 的使命工作，找到一份达到三者平衡的工作也行。比如，找一份当前你认为自己最希望做的事，或者自己擅长但不讨厌，或者很有兴趣但不算很擅长的工作也可以。

排好不同时间段的优先级

在鸡汤文里，经常会有这样的案例：某顶级咨询公司的一名女顾问边生孩子边升职，10 年内生了 3 个小孩，升到大中华区董事总经理；某日本女士在第 5 个小孩出生的时候，从哈佛大学博士毕业；某企业高管，每天只睡 5 个小时，但每年都能带全家全球旅游 3 周。

其实，只要找到一份你真正想做又能做好的工作，就会发现完成工作再也不是一种折磨，而是一种享受，它本身就是你生活的一部分。你要做的就是，在不同时间段里安排工作、家庭、旅游的优先级而已。虽然你做不到鸡汤里那么夸张，但做到工作、生活相融合还是很简单的。

没有马云、王思聪的物质基础，没有底层劳动者的无法选择，这时妄谈"工作、生活平衡"，不是懒惰就是无能！既然没有资格，就不要将"工作、生活平衡"挂在嘴上，因为你不配！不要像一个小孩一样，以非黑即白的二元思维，硬生生地将工作和生活变成对立的两部分，而要将它们融合起来：在心态上不再放纵自己、用 WISE 找到使命工作、排好不同时间段的优先级。

不懂这四点，你即使去了大公司也没用

文 / 王世民

你为何想去知名大公司

该不该去知名大公司工作？这个问题其实根本就不是关键，知道去知名大公司能得到什么才是关键！

如果你不知道，那么即使去了大公司也很难有收获；如果你知道了，即使不去大公司你也会很有收获，甚至能得到更多。

最近碰到一个怪现象。有学生问我："老师，我觉得现在的公司管理很不规范，是不是应该换个知名大公司工作呢？"

与此同时，在知名外企待了20多年的朋友跟我诉苦："离开后才发现，80%的职场技能都是公司定制版，现在非常不适应，突然不知道能干啥了！"

迷惘的年轻人心向往之，待了20多年的中年人却唏嘘感慨，那么我们到底该不该去所谓的知名大公司呢？

在考虑到底应不应该去知名大公司之前，可以先自问：你为何想去知名大公司？

"给的工资多，福利也更有保障些。"大学穷了4年的王大锤说。

"去大公司有面子啊。"深得中国面子文化精髓的马大哈紧跟着说。

"去大公司发展好。"学生会主席韦光正很不屑地白了王和马一眼。

"这有啥争的，大家不都想去吗？"楼下大妈精彩总结。

如果你也是如上所想，那么去不去所谓的知名大公司，对你而言几乎没什么区别。为何我敢如此断言呢？因为你压根就没抓到进知名大公司的真正价值！就像一个不知道钻石是啥的人，即使进了布满钻石的山洞，也几乎挖不出一颗钻石。

知名大公司到底能带来什么

知名大公司真正能带给我们的是四大价值，从易到难分别是：职场镀金、感受优秀的管理方式、与优秀的人同行、提升眼界。

价值1 职场镀金

这应该是知名大公司最直接的吸引力了，是四大价值中唯一百分之百会获得的"光环"，也是大多数人认为去大公司工作"有面子""发展好"的来源。

价值 2　感受优秀的管理方式

能成为知名大公司，绝大多数的管理水平确实是业界领先的，身处其中，只要用心观察，便能花更少的时间、成本领会到更优秀的管理方式。

价值 3　与优秀的人同行

不可否认的是，知名大公司中，优秀者的数量相较一般企业确实更多些。因此你有更多的机会与他们共事，也就有了更多可能学习到优秀的思维方式、工作方式等（请注意，仅是可能性高一些，能否学到取决于你自己）。

如果你自己也足够争气，还可以积累一定的优秀人脉（千万不要幻想，你不优秀却有优秀的人脉）。

价值 4　提升眼界

眼界是知名大公司能带给一个人最内在的价值了。我们经常会问，一个出身于社会高级阶层家庭的小孩，相较于一般阶层出身的小孩，到底有何优势？其实最核心的优势就是眼界，眼界决定了一个人的格局和高度。

知名大公司就好比你职场出身的"家庭"，为你眼界的提升，提供了品牌、行业地位、资金、客户、供应商、伙伴资源等加持。但这个眼界的提升受限于你在公司的职位，职位越高加持越多，因此如果只是一颗螺丝钉，那提升就非常有限了。

以上四大价值是知名大公司真正能带给我们的，也是我们进入一家知名大公司后应该去积极获取的。如果仅惦记着"钱多""有面子""发展好"，最后可能只是为职场经历镀了一层金而已，其他毫无所得。

当然，无论是大公司还是小公司，深刻认识到一份工作的精髓才是最重要的。

进知名大公司是职业成长的唯一通道吗

进知名大公司，不失为一条不错的职业成长路径，但不是职业成长的唯一通道，甚至对某些人而言，连最佳通道都不是。以不少人想去的阿里巴巴、腾讯、京东、网易等互联网知名公司为例，这些公司的老板马云、马化腾、刘强东、丁磊，又有哪一位在所谓的知名大公司待过呢？

无论是职场镀金、感受优秀的管理方式，还是与优秀的人同行、提升眼界，即使不进知名大公司也都有其获取之道。

以职场镀金为例，在某个领域做得小有成就，是否比在所谓的知名大公司工作更有"光环"呢？相较阿里巴巴内训师，知乎大 V 是否更吸引你目光？相较 HP 高级咨询顾问，Thoastmasters（土司马斯演讲俱乐部）中国区总监是否更有专业感？

在如今信息爆炸的社会，要想感受知名大公司的管理方式，并不一定非要进去"卖身"几年。现在稍微成功一点的公司，其管理经验、经营经验就会满天飞。你随便搜一搜，讲华为兵法、华为流程的内容是不是都"霸屏"了呀？

移动互联网极大地降低了人与人之间的沟通成本，加上知识分享经济的盛行，与优秀人士的接触，对他们思维方式、工作方式的学习，变得前所未有的便捷和廉价。你不会因为没有加入创新工场，就无法向李开复请教；你不会因为没有进入麦肯锡，就没法与顶尖咨询顾问交流学习；你不会因为不在 BAT，就没法接触顶尖的互联网人士。

环境对眼界的提升有一定的限制和促进作用，但眼界的真正提升其实在于心，而非环境，否则，就不会有来自中下阶层的政治领袖、科学家、企业家了。

进知名大公司是一条不错的职场通道，但如果不知道从知名大公司到底应该获取什么，即使进去了估计也难有所获。我们更要明白的是，知名大公司不一定是职业成长的最佳通道，更不是唯一通道。知道了进知名大公司的真正价值后，即使不进知名大公司，你也能找到获取之道。

如何做到无视环境制约傲娇地成长

文 / 王世民

环境在多大程度上决定一个人的成长

毕业学校一般，上学期间又光顾着玩了，毕业后想去 BAT 级别的公司，但"海投"一圈简历连面试机会都没捞到一个，无奈之下进了现在这家小公司，做着一份谈不上喜欢也谈不上讨厌的工作。3 个月后曾想离职，但亲朋好友、资深 HR 都忠告：最好在现在的公司干满一年，否则你跟应届毕业生有何区别呢？假设这个人就是你，你会怎么度过这段工作时间呢？

"混着呗，熬满一年赶紧走！"跳槽次数几乎赶上年龄的表弟霸气回应。

"工作为辅、学习为主，趁机再多考几个证吧。"大一在读的侄女如是回答。

"嗯，我也不知道，到时间再说呗。"抽样调查网友的高频回复。

你，又是怎么想的呢？表弟、侄女、网友的回答虽有所不同，但都隐藏着一个共同的前提——这份工作的环境不行，到时要换！既然提到环境，那我们是否曾问过自己：环境到底在多大程度上决定了一个人的成长？

环境，特别是社会环境对人的影响自古以来就已经被深刻认知到了。从《荀子·劝学》中的"居必择乡，游必就士"，到《论衡·率性篇》中的"譬犹练丝，染之蓝则青，染之丹则赤"，再到《三字经》中妇孺皆知的"昔孟母，择邻处"，讲的都是环境对人的影响。那么社会环境（本文不讨论自然环境，以下所提"环境"若无特别说明，都专指"社会环境"）到底在多大程度上决定了一个人的成长，甚至命运呢？

环境对人的影响，其实在于画下了一个人成长的起点和上限，以及在这个范围内加速或延缓着成长的速度。比如你出身于一个高知家庭，那么你受教育的起点就高于一般家庭的孩子，这就是环境给你画下的成长起点；一个石器时代的能工巧匠，哪怕有再奇妙的构思也绝对造不出一支银发簪，这是环境制约的成长上限；在崇尚男女平等的现代中国想成长为一名女 CEO，其速度必然会远远快于宣扬"女子无才便是德"的古代，这是环境的加速作用。

环境对人的影响如此巨大，万一你当下的家庭环境或所处工作环境不佳，是否有了那么一丝丝绝望呢？大可不必！虽然环境决定了人生的起点和上限，但在不超出上限的范围内你的成长速度和命运其实是由自己决定的，而且从古至今能走到自己环境上限的人也屈指可数（见图1-3）。

你选择的是哪个人生轨迹？

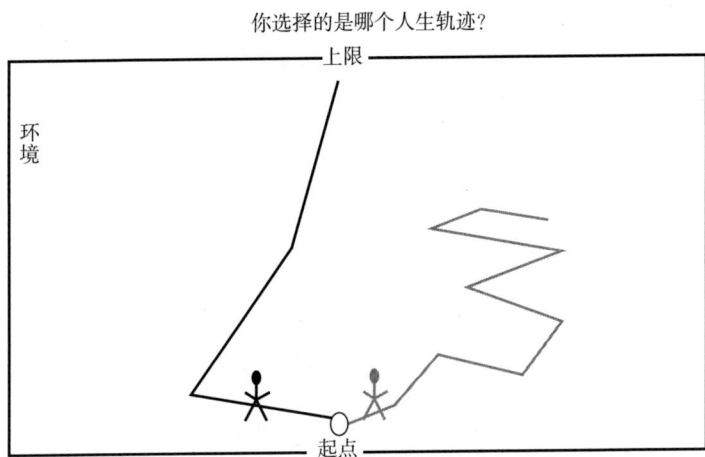

图1-3　不同轨迹的人生上限

在上限范围内，环境本身并不能直接改变你的命运，更不能决定你的命运，环境只能对你的内因造成影响，是这个影响的结果而非环境改变了你的命运。换句话说，你完全可以主动控制或引导环境对你的影响，从而无视环境的制约。佛学、阳明心学，以及《高效能人士的七个习惯》中的"习惯——积极主动"本质上都是在教你如何控制或引导环境对你内心的影响。

上面这段话可能干涩了点，直接举个身边的例子吧。

我的一个高中同学，平时成绩极好，市里最好高中的年级前三名，基本就是敲定了考清华、北大的那种学生，但高考"逆天"了，只上了个二本院校（环境外因的挫折）。可人家现在依然是职场赢家，三十出头就成了某上市公司副总兼监事会主席，用他自己的话说"如果不是上了个二本，憋着一股不甘的劲儿，估计我现在顶天也就一总监（非理想的环境被内因引导为积极因素）"。

如何控制或引导环境的影响

现在我们知道环境决定了人生的起点和上限，但在不超出上限的范围内，能成长得多高、多快完全是由你自己决定的。环境只能产生一定影响，甚至还可以被你控制或引导。那么回到开头的问题——万一你必须在一家不理想的公司干一年不太喜欢的工作，这个环境如何破呢？

方法很简单，轻松通过三个步骤，这看似折磨的工作环境立马就旧貌换新颜：

第一步，认命，不做超出环境上限的期待。

对，你没看错，是"认命"。前面分析了这么多就是要告诉你环境上限的制约真不是"人定胜天"的豪情就能解决的，譬如你想去徒手摘星，至少46亿年来万万亿的地球生物尚无此壮举，你能否在短短几十年的人生中实现这个极低概率的荣耀，我深表怀疑。

因此，首先要客观地认识到环境的上限，并将期望值控制在上限范围内。人最大的无力感，根源就在于超出环境上限的期待。既然已经在一家不理想的公司，还干着一份自己不太喜欢的工作，就别奢望收入赶超同龄人，勇当老板接班人了！最好一心一意地以自我能力提升为目标，对加薪、升职坦然处之，有则意外之喜，无则情理之中。

第二步，识别自身差距，主动在现有工作环境中寻找锻炼机会。

首先，识别差距前要制定下一份工作的目标。

不要担心这个目标可能未来又不是你想要的，因为定这个目标的最大价值不在于实现了它（当然，万一这个目标正好是你真正所追求的，那就更理想了），而在于给你提供了一个将能力综合运用的锻炼机会。有了这次的成功经验，将来任何不超过环境限制的目标对你而言都不再遥不可及。

其次，确定目标后，搭建相应的能力树，并识别出能力差距。如图1-4，根据目标分解出能力要求，搭建出相应的能力树，并识别出能力差距。关于如何构建能力树，可参考后文《请将你的能力长成一棵树，而不是一片草》。

再次，主动在现有工作环境中寻找可弥补能力差距的工作任务。譬如你的下个工作目标是想做一名产品经理，但现有PPT技能不满足能力树的要求，那何不主动将工作中需要做PPT的任务尽可能多地包揽下来？做多了，技能自然也就提升了。请记住，此时你所做的任何工作主观上都是为你自己做的，公司只是享受你工作所带来的客观成果，因此从真正锻炼自己的目的出发，不要应付式地做，而是主动做好它！

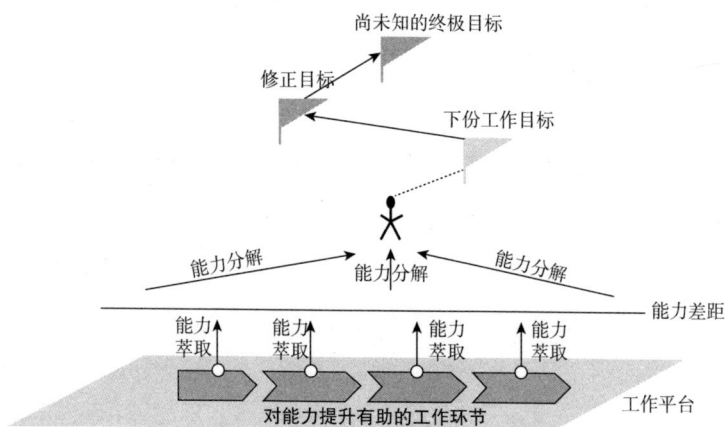

图1-4 搭建能力树

第三步，寻找或创造被动性压力，克服惰性。

找到工作环境中可以做的任务后，最大的难点就是如何克服惰性去做好这些事。人都是有惰性的，哪怕是那些被公认为很成功的人（是不是有一种如释重负的感觉，原来大家都一样）。克服惰性的方式有两种：一种是主动通过意志力来克服，譬如强迫自己每天跑5公里；一种是利用外界环境的被动性压力逼迫自己，譬如约个美女／帅哥一起跑。

靠主动性的意志力克服惰性需要极大的毅力，能做到的人很少，而且容易产生负面的心理疾病，为心理健康着想，建议还是多选用被动性压力法。比如，你已经找到工作中可以锻炼 PPT 技能的事情了，但要怎样才能逼迫自己一定做好呢？这就需要你主动去选那些不得不做好的任务了，比如帮领导做汇报 PPT（被动性压力来自领导的批评）、帮部门做宣传 PPT（被动性压力来自丢不起这个人）。

假若觉得自己连在工作中主动找逼迫性任务的自觉性都没有，还可以选择被动性压力更大的工作。譬如《思维力：高效的系统思维》一书中传授的运用框架解决问题和表达的方法，是管理咨询顾问的秘法精髓，掌握这套运用框架高效思考的方法是很多年轻人选择这个职业的最初目的。其实这套方法不仅管理咨询顾问在用，各行各业优秀的人也都在广泛使用。为何经过管理咨询工作锻炼的年轻人普遍掌握得更好些呢，其本质就在于工作环境的被迫性压力够大。因为管理咨询工作的特性，不管有无惰性，一名合格的管理咨询顾问都不得不在短时间内采集和整合大量内容，并出具客户能接受的方案，因为谁都不愿意被客户在大庭广众下羞辱。除管理咨询顾问外，销售、创业也都是被动压力挺大的职业，有兴趣、有条件的也可以试试。

按以上三步，即使你在不太理想的公司被迫做不太喜欢的工作一年，你依然可以脱胎换骨，时机一到，你就会发现曾经觉得高不可攀的公司已然在你俯视之下了。否则，你只能哀叹，一年后继续意淫"假如我当时进了××公司，就会怎么怎么样"。

如果你对现有工作环境不满，希望这篇文章能给你启示：尽可能在现有环境中主动成长永远是最佳选择。

我们要正视环境的制约，它限制了我们人生的起点和上限，但更要清醒地认识到，在不超出环境上限的范围内，决定成长速度和命运的完全是我们自己。毕业后进了自己理想中的公司，若只是被动地接收环境的输入，那么成长不见得会如你所期，将一手好牌打烂的人比比皆是；毕业后未能进入自己理想中的公司，也无须气馁，从自己的目标出发，做好下面两点，你的成长必定惊人：识别自身差距，主动寻找锻炼机会；寻找或创造被动性压力，克服惰性。

谁的青春不迷茫，
只要比别人醒得早

为什么你的 10 年工作经验不值钱

文 / 王世民

为什么绝大多数人都会被动成长呢

前几天出差，顺便路过老家。表弟不知道从哪儿听到了风声，我刚到家，行李还没放好他就赶到了。

他开门见山："哥，能带我去深圳工作不？"

听得我一哆嗦，刚到嘴边的水杯都吓得放下了。（这要答应了，估计以后老家都不敢回了。）

"在家不是干得挺好的嘛。工作不累，工资还行，有房有老婆的，到深圳去受啥罪呢？"

"好啥呀！我眼看就要 30 了，天天干着一点挑战都没有的活，再干下去都要废了！我这辈子总不能就做个小主管吧？"

"那你准备去深圳干啥工作呢？"

"我也不知道啊，感觉现在出去好像一点优势都没有，这不才逮着你回来，让你带我去嘛。反正至少深圳会比老家忙、压力大，怎么都会成长更快吧。"

"……"

无独有偶，当晚我的一个咨询客户的业务主管给我发微信，吐槽现在的工作又多又累，而且待了5年，一点晋升机会都看不到。她信心满满地准备跳槽了，才发现自己的大公司背景和工作经验，帮助并不是很大。她感觉好像做啥都可以，但又啥独特的优势都没有，高不成低不就的，根本跳不到更高级的岗位工作。

表弟和客户主管的情况看似完全不一样：一个是觉得工作挑战不够，遇到成长瓶颈了；一个是工作很拼，但碰到升职瓶颈了。其实背后的本质一模一样：都是没有主动规划能力、被动成长导致的。这也是大多数20来岁刚进入职场、30多岁还想升职的人迷茫的原因。

什么是被动成长？有这么一个职场段子：

一个人跑去问老板：我都有10年工作经验了，为什么您还不给我涨薪水呢？

老板回答说：你是有10年工作经验呢，还是1年工作经验用了10年呢？

说一句刻薄又现实的话，"人到中年不如狗"，用来形容那些努力工作 5 年、10 年，依然停留在 20 岁水平的人再合适不过了。

为什么他们明明很努力了，想要的却始终得不到呢？其实很简单，主要是三个"不"导致的：

不想：不想有目标，导致目标驱动力缺失；

不会：不会将能力与目标匹配，导致能力与目标错位；

不能：没有掌握正确的方法，导致不能有效地积累能力。

不想：目标驱动力缺失

趋乐避苦是人的本性。本能上，人人都怕有压力，没目标无论怎么做都是对的，而一旦定了目标就有了衡量，压力也就随之而来了。比如说，谈恋爱的时候，我很少看到男孩子主动给女孩子一个可量化的目标承诺，多是用"我保证平时会好好疼你"这样的甜言蜜语来做过程保证。因为给了可预见的目标，压力就随之而来，这与人的趋乐避苦本性是相违背的。职场上的目标和压力也同理。

当然，有些人不想定目标，是因为被"习惯性失败"吓怕了，从小到大，定的目标里面十个有九个半都没能实现，实在不愿意再折磨自己的内心了。

其实，目标未完成的自我折磨完全没必要，这是由于没有认识到目标的真正价值导致的（稍后我们再详细解释目标的真正价值）。

不会：能力与目标错位

有人是有目标，也愿意承担压力，不幸的是能力与目标之间发生了错位。你可以理解成"野蛮生长"，也就是说，积累的能力与实现目标所需的能力不匹配。

找我咨询的这位主管，她的目标是要升职为部门经理，却从没有静下心来好好整理一下，他们部门的这个经理岗位到底需要什么样的资历、经验、能力和知识。

每天忙忙碌碌，工作确实也很努力，但是浪费了很多主动锻炼目标能力的机会，只知道做事，却不知道应该借助做事刻意提炼能力，陷入"低水平奋斗"的陷阱中，自己还不自知。

不能：缺乏有效积累能力的方法

俗话说，你可以白手起家，但不能手无寸铁。有的人清楚自己的目标，也知道需要怎样的资历、经验、能力和知识，可惜的是没掌握正确的方法，盲目学习，越学越发现自己无能，除了让自己陷入深深的学习焦虑中外，能力毫无长进。

怎样才能破除这三个"不"，从被动成长转变为主动成长呢？其实也不难，只要做到下面三个步骤：定个目标、搭个框架、扬长补短。

第一步，定个目标。

目标最大的价值不在于被实现，而在于给了能力聚焦和综合运用的方向，因此这个目标即使定错了也无所谓！

有目标下的能力成长，会远远超过无目标下的能力成长，哪怕目标是错的。因为不同工作之间，70%左右的能力是通用的，也就是所谓的可迁移能力。这些能力得到积累和提升后，你再做其他任何工作、实现下一个目标会更容易。

举个例子，我给你两个指令：一个是一直往前跑，另一个跑到10公里外的小卖部。你觉得在哪个指令下，你更容易跑到目的地？毫无疑问，一定是第二个指令。

假如等你跑到小卖部后，我告诉你，你跑反了。即使在这种情况下，你的收获也会高于第一个指令，因为你至少多锻炼了目标导向的经验、实现目标的意志力、跑得更远所需的耐力。

我知道，初入职场的年轻人，大多并不会把目标的重要性放在心上，因为大家干的都是企业里最底层的工作，只要肯努力，按部就班，把绩效考核做好了，三五年内升到小主管问题并不大。这往往为你挖下了成长的陷阱，越往后，你会越吃力。

上一期 YouCore 中级训练营中，1/3 的学员都是有 8 年以上工作经验的管理者。在旁人看来，他们应该已经具备了很强的解决问题的能力。开营第一周，这批职场"老铁"还是在"界定问题"和"目标拆解"上被狠狠吊打了一顿。不出所料，走完这两步，他们普遍反馈，多年的工作经验比不上一周拆解一个目标的收获。

第二步，搭个框架。

有了目标，就要从目标出发，搭建岗位能力树（框架）。

不知道你有没有玩过《魔兽世界》，或者别的网游？如果有，那么你一定清楚"天赋树（技能树）"的重要性。天赋树有多个专精方向，玩家每升一级就会获得一个技能点，逐渐点亮天赋树的技能，角色就会变得越来越强大。同样地，想要在职场上打怪升级，首先也要构建自己的"职场能力树"，逐渐点亮其中所需的技能，这样不就越来越强大了吗（见图 2-1）？

能力树（枝干）

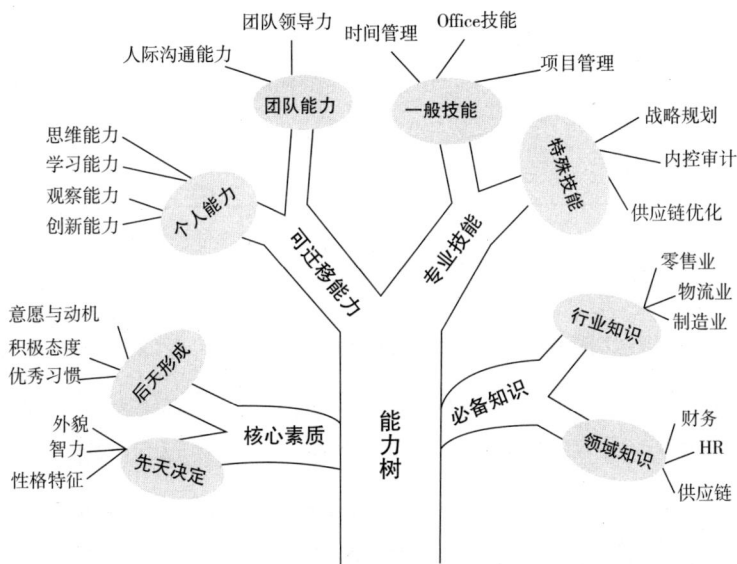

图 2-1 职场能力树

　　只有以实现目标为导向，你才能真正识别出所需的能力，避免能力与目标错位。同时，也才能保证你有足够的机会去锻炼这些能力，否则就会出现学习的技能和知识没有用武之地，随着遗忘曲线（见图 2-2）忘得一干二净，然后再花时间学习，再遗忘，永远在低水平层次上不停地堆沙堆的情况。

记忆的数量（百分数）

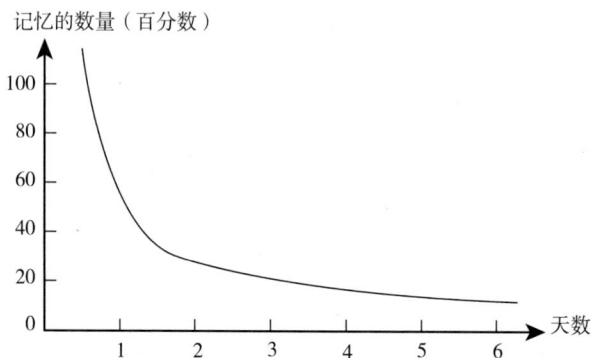

图 2-2　遗忘曲线

在搭建岗位能力树时，我特别提醒你两点：

第一点，有意识地积累可迁移能力。也就是说，即使你做着很低级的工作，即使你做的项目一败涂地，在这个过程中，无论目标是否正确、是否能实现，都一定会很有收获：万能的可迁移能力。

第二点，专业技能、专业知识的学习一定要严格从目标出发去选定，不要贪多。如果没有即学即用的机会，你即使学了也基本会忘得干干净净，白白浪费时间。所以，闲着没事千万别想着"要看99 本必备工具书"。

能否构建出目标导向的岗位能力树，对一个职业人士来说，到底有多重要呢？几乎决定了你职场天花板的高度（见图 2-3）。

第三步，"扬长补短"。

与岗位目标一致的能力树搭建好后，如何学以致用呢？是全部学习一遍，让自己掌握吗？显然不行，无论是时间还是精力都决定

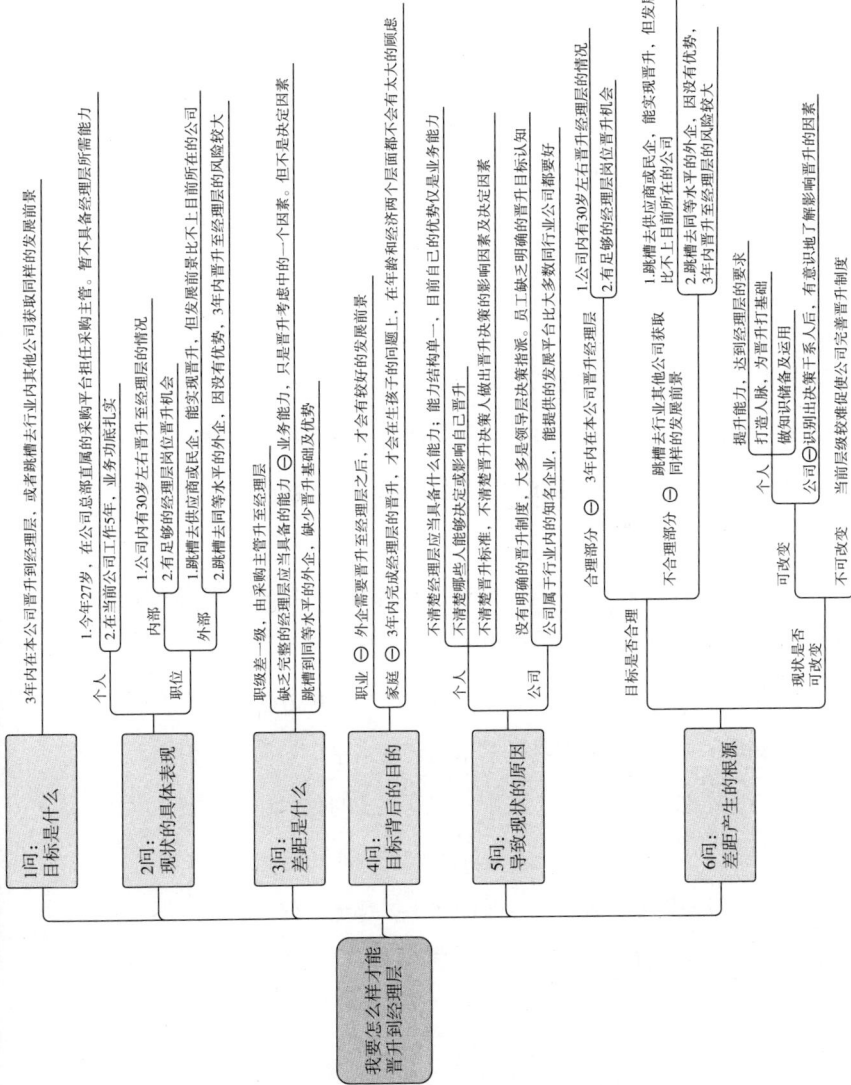

图2-3 目标导向的岗位能力树（部分举例）

我要怎么样才能晋升到经理层

1问：目标是什么 —— 目标导向
3年内在本公司晋升到经理层，或者跳槽去行业内其他公司担眼同样的发展前景

2问：现状的具体表现

- 个人
  - 1.今年27岁，在公司总部直属的采购平台担任采购主管，暂不具备经理所需能力
  - 2.在当前公司工作5年，业务功能扎实
- 职位
  - 内部
    - 1.公司有30岁左右经理层岗位空缺的情况
    - 2.有足够的经理层岗位晋升机会
  - 外部
    - 1.跳槽去供应商或民企，能实现晋升，但发展前景比不上目前所在的公司
    - 2.跳槽去同等水平的外企，因没有优势，3年内晋升至经理层的风险较大

3问：差距是什么
- 职级差一级，由采购主管晋升至经理层
- 缺乏完整的经理层应当具备的能力 ⊖ 业务能力
- 跳槽到同等水平的外企，缺少晋升基础及优势

4问：目标背后的目的
- 职业 ⊖ 外企需要晋升至经理层的晋升，才会有较好的发展前景
- 家庭 ⊖ 3年内完成经理层的晋升，才会在生孩子的问题上，在年龄和经济两个层面都不会有太大的顾虑

5问：导致现状的原因
- 个人
  - 不清楚经理层应当具备什么能力；能力结构单一，目前自己的优势仅是业务能力
  - 不清楚哪些个人能够决定或影响自己晋升
  - 不清楚晋升标准，不清楚晋升决策人做出决策的因素及决定目标认知
- 公司
  - 没有明确的晋升制度，大多是领导层决策指派，员工缺乏明确影响晋升发展平台大多数行业企业
  - 公司属于行业内的知名企业，能提供的发展平台比大多数晋升公司要好

6问：差距产生的根源
- 目标是否合理
  - 合理部分 ⊖ 3年内本公司晋升到经理层
    - 1.公司内有30岁左右晋升经理层岗位空缺的情况
    - 2.有足够的经理层岗位晋升机会
  - 不合理部分 ⊖ 跳槽去其他公司获取 ⊖ 同样的发展前景
    - 1.跳槽去供应商或民企，能实现晋升，但发展前景比不上目前所在的公司
    - 2.跳槽去同等水平的外企，因没有优势，3年内晋升至经理层的风险较大
- 现状是否可改变
  - 可改变 ⊖ 个人 ⊖ 提升能力，达到经理层的要求
    - 打造人脉，为晋升打基础
    - 做知识储备及运用
  - 不可改变 ⊖ 公司 ⊖ 识别出决策人后，有意识地了解影响晋升的因素
    - 当前层级较难促使公司完善晋升制度

了这是绝对做不到的。

特别是已经担任了管理者的职业经理人，就更要做到"扬长补短"了。"扬长"，就是要最大化自己的优势能力；"补短"，则是用团队弥补自己的劣势能力。

首先，要从第二步搭建的岗位能力框架中识别出自己的优势能力，比如演讲能力，然后就要在工作中最大化地强化和运用这个能力。像马云，就是将他善于演讲的这个优势能力发挥到极致，让阿里团队的人跟打了鸡血一般，拼命跟着他干。

其次，要从岗位能力框架中，识别出自己的劣势能力，比如写文案的短板。那么，在组建或调整团队时，就要有目的地搭配一个文案写作能力不错的团队成员，运用他的能力弥补你这方面的不足。

没有人是全能的，总会有不擅长的方面。一个好的管理者不是事事都亲自去做，而是要善于调配资源。

当然，我们强调扬长补短，不是说你短板的地方就一点都不用去学习和提高了，你至少要具备基本的合格水平。如果对短板能力以合格水平做要求，根据二八法则，你花很少的时间和精力就可以达到了。就像学习打羽毛球一样，你学 30 分钟就能达到挥拍接球的水平了；但如果要达到专业扣杀的水平，那至少得练上大半年；如果要达到林丹那样的水平，因为天赋不够，可能练习一辈子都做不到。

这就是强调一定要扬长补短的原因：因为天赋不同，相较于花时间去弥补短板，不如去放大你的优势能力更有效。

　　其实，哪有什么职场瓶颈，所谓的职场瓶颈都是没有主动规划能力、被动成长导致的。

如何克服阶段性迷茫

文 / 高凤娟

为什么会出现阶段性迷茫

　　堂弟是去年毕业的，正式工作到现在满打满算刚一年，但在五一假期后，他已经要开始找自己的第三份工作了。

　　记得刚毕业那会儿，他觉得解放了，激情满满地做好了当职业精英的准备，但是一切并没有想象中美好。

　　第一份工作时碰到了一位"处女座领导"，他完成的工作任务总是达不到要求，经常被批评。他觉得领导太保守，只看当下，每次都在和他抠细节。坚持了半年后，他不但没什么成就感，当初的那份冲劲儿也已经消磨殆尽，他突然觉得迷茫不知所措，不知道自己能做什么。他觉得是工作内容不适合他，后来便挑了份互联网行业的运营岗位，毕竟对互联网运营还是很感兴趣的。半年后，每天都充满新鲜感的阶段过去了，粉丝增量越来越慢，他慢慢又进入了上个工作的那种迷茫状态。

到底问题出在哪儿了？究竟是选择有问题，还是自己能力有问题？

我们做任何事情之前，其实在心里都会对事情的结果有一个预设的期望（即目标），一旦结果与目标产生差距，我们就会对预设目标或者个人自身能力产生怀疑，从而出现阶段性迷茫状态。好比在谈恋爱的过程中，难免会因为彼此需要磨合而产生吵架的情况，此时我们就会在内心产生纠结：是人选错了，还是相处方式出了问题？懂得如何处理这种问题的人，往往不会因为吵架而伤感情，反而会让爱情升温；否则，结果很可能就是分道扬镳、一拍两散了……

如何克服阶段性迷茫

我们每个人在成长的路上都或多或少地会出现阶段性迷茫，这是成长过程中的必经之路。即便是你身边看似非常优秀的人也同样会经历这种阶段。那优秀的人是如何克服阶段性迷茫的呢？其实也很简单，两大方法而已。

定一个明确的、短期可执行的小目标

比如很多人在刚入大学时激情满满，想要大干一番，原因是内心对大学寄予了一定期望，在潜意识里设定了一个大的目标，或许是要成为学生会主席，或许是毕业时拿到名企的入职通知，等等。为什么过了一段时间后就坚持不下去，甚至沉沦了呢？我们明明是对自己有要求的新青年，怎么就变成了整日虚度光阴的"90后"呢？

原因很简单，大的目标由于达成周期相对较长、达成难度系数相对较高、达成手段可操作性相对较弱，容易导致在达成的过程中产生挫败、迷茫感，从而中途放弃。大多数人不是因为没有梦想而放弃，而是因为不知道如何实现梦想而放弃。

因此将大目标分解成短期、可执行的小目标至关重要。这就必须掌握一个分解大目标的框架，每一个大目标的达成都是需要具备若干条件的，只有满足了这些条件才有可能达成最终目标。换言之，这些条件就是构成实现大目标的框架，框架越完整、逻辑越清晰，就越是能够更好地分解成有效的小目标，少做无用功。

先定个"跳一跳够得到"的小目标！

_____

_____

_____

_____

提升对环境的利用能力

万一，我们真的不知道定一个什么样的目标才适合自己，又怎么办呢？比如，刚步入职场或者进入一个新的领域时，甚至连自己想要做什么都不清楚，那是不是就没办

法进步了呢？当然不会，即便你尚没有明确的目标，也完全可以基于工作任务，设定一个临时的短期目标。在现有工作环境中，充分提炼积累可迁移能力，在自己有了明确的目标后，运用这些可迁移能力更快地达成目标。

小A刚进入某ERP软件公司做实施顾问。因为公司小，培训体系也不规范，入职第一天就直接被丢在项目里，也没有前辈在项目上指导。她越做心里越虚，抱怨学得太浅，在现在的公司成长太慢，看不到未来，但是自己也没什么经验，即便现在换工作，也很难找到更好的机会。于是她每天在项目上应付了事，准备熬满一年后就赶紧换下家……

小B和小A在同一家公司做同样的工作，在做项目的过程中也非常艰难，没有人全程指导。但小B在项目上是截然不同的做法：每次都抢着做项目，而且遇到问题都会记下来，回去后通过找公司领导指点、找相关资料、求助有经验的同行把问题解决，并且总结到自己的知识体系中……

后来适逢一家两人都心仪的公司招聘，小A和小B都报名了。小A因为新手顾问实在没有啥优势，落选了；小B却因为有独立承担项目的经验，成功拿到入职通知，而且薪资提升了近一倍！

相同的环境，每个人从中能获取的能力却如此不同，关键不在于环境到底是怎样的，而在于我们是如何去利用环境的。上例中的小 A 和小 B，在同样的公司、做着同样的事，心理上都未打算长久做下去。小 A 因为环境不如意就心安理得地混日子，幻想在下一份理想工作中再努力；小 B 却尽可能利用独立承担项目的机会，多问问题、多积累顾问能力（顾问的大部分能力都是可迁移能力），在当前环境中就为下一份工作积攒了足够的资本。

因此，即便我们当下没有明确的大目标，工作中的每项任务其实都是一个小目标，同样可以通过完成每个小目标来提升个人的可迁移能力。

成长路上的阶段性迷茫必不可少，关键是我们如何应对。每一次目标的制定并非因为完不成就毫无意义，核心的目的是通过完成目标的过程积累可迁移能力，从而有能力争取更好的环境来提升更多的能力，形成良性循环。

入错行了，怎么办

文 / 王世民

"老师，我入错行了，怎么办？"

每次回答这样的问题，我都很小心。生怕一不小心，让人彻底浇灭了希望。

这个世界上，肯定有人是真的入错了行，比如明明是绘画天才，但不小心弹吉他去了，结果国画院少了一名画家，酒吧多了一名吉他手。

不过，这种情况是绝对的少数。绝大多数人其实都没有入错行的问题。他们认为的入错行，只不过是现实不如预期，给自己找的一个借口。

真的入错行了吗

"唉，男怕入错行啊。我当时就是因为脑子一热，学了个机械工程专业，211 大学本科毕业，工作 10 年了。在武汉，每月拿到手才 6000 块钱。如果做其他行业的话，可能年收入都三四十万了。"

"'男怕入错行'这句话真是有道理。当年高考，我想报计算机专业，父母硬要我去学什么医，说谁能不生病，有这个手艺傍身，一辈子都不愁。七大姑八大姨也轮番劝我，个个都说有人脉能帮忙安排工作。结果，毕业 5 年了，现在我还混在乡村卫生所，到手工资每月 2000 块还差 5 毛。如果像我同学一样去搞 IT，第一年月薪就 2 万了。"

可是，同样做 10 年机械设计，有人也可以 30 万年薪，像我认识的比较厉害的一位华为公司的朋友，年薪有 150 万。同样学医，厉害点的专家挂号的人要排队半年还不见得能挂上号。这真的是"男怕入错行"的问题吗？

男怕入错行，女怕嫁错郎

"男怕入错行"的完整说法是"男怕入错行，女怕嫁错郎"。这句话到底源自何处，从哪一年开始传播的，已经遥不可考了。但既然将"女怕嫁错郎"和"男怕入错行"并列在一起，我们还是能从"女怕嫁错郎"这句话，推导出"男怕入错行"背后隐含的意思。

自程朱理学兴起后，女人作为男人附属品的男权思想兴盛，"一女不嫁二夫"成了普遍的社会观念。这就意味着，女人一旦嫁错了人，一辈子就只有受苦、受累、受罪了。这句话背后透露出的信息是，婚姻是否幸福，女人几乎没有影响，关键在于男主人怎么样。同理，"男怕入错行"指的是男人一旦入错了行，这一生也就完蛋了，没什么指望了。

这句话背后体现的也是，事业是否成功，人几乎没有影响，关键在于这个行业怎么样。

以前这句话或许有道理，但放到现在，这就是歪理了。现在已经没有离开男人就活不了的女人了，她们可以选择离婚甚至不结婚，人生也一样很精彩。女性已经走出附属品地位了。作为男人的你，还一定要做行业的附属品吗？

那些喊着"女也怕入错行"的女性们也是如此，好不容易从男人的附属品中走出来了，为什么一定要将自己再当作行业的附属品呢？

第一份工作，如何挑行业

第一份工作就能选到自己喜欢、能干一辈子、报酬又丰厚的行业，当然很好啦。关键是，当你在选行业时，怎会知道自己选的行业未来10年的发展会如何？别说是你，就是马云、比尔·盖茨、巴菲特他们，又有几个人能预言未来的变化？

因此，在选择第一份工作的时候，只要明白自己能做什么，找一份能够维持生存的工作，再盯着不久的将来（比如一年）的目标，全力以赴地去做到自己能做到的最好就可以了。

只要能全力以赴地去完成目标，有意识地进行积累，不经意间你就会发现，你已经具备可迁移的通用职场能力了，比如思考的能力、解决问题的能力、人际沟通的能力、学习能力，等等。

这时，如果你愿意在本行业发展，也很容易做到行业的前20%，因为那80%的人还在琢磨自己到底有没有选错行业呢，压根就没好好积累。

即使干了一年以后，你发现真的不爱这个行业也无所谓。现在的社会，嫁错了可以再嫁，入错行了也完全可以辞职转行。只要你真的在本行业好好干了一年，具备了通用职场能力，跨行找另一份工作绝对是手到擒来的事。

已入行，想转行怎么办

万一真的选错了行业，比如已经工作了 3 年、5 年，甚至已经工作 10 年了，还能转行吗？

有人说，自己选的行业，流着泪也要走下去。这种想法，勇气可嘉，但未来堪忧。已经知道错了，为什么不转行呢？之所以不转，无外乎两种原因：

第一，不敢跳出舒适区。怕到新行业适应不了，因此以这种"贵在坚持"来安慰自己。

第二，没能力转行。在最不该轻松的时候，过了轻松愉快的生活。

比如，刚进职场时，追求工作与生活平衡，坚持不加班，不看专业书籍，一周看 3 部电影，每晚都打游戏，周末一定逛街，放假必须旅游。时间一长，就失去了超越同龄人的机会，人也不再年轻了。

针对不敢跳出舒适区的建议

如果你已经在本行业做到了前 20%，那就勇敢地走出舒适区吧。你会发现你积累的能力和经验，用在其他行业也一样。最多就是前半年或一年收入稍微下降些、人稍微累些而已。

当然，如果你还不是本行业的前 20%，或者你不想再累、也不能接受收入短暂下降，那就好好地在现在这个行业待着，但请不要再用"男怕入错行"来骗自己了。

针对没能力转行的建议

与上一个建议恰恰相反，我特别不建议你转行。没能进入本行业前 20%，缺的绝对不是行业经验，而是最基本的通用能力，基本的思维能力、解决问题能力、人际沟通能力、快速学习能力等等。缺乏通用职场能力，转行面临的将是巨大的失败风险。

因此，请踏踏实实地在本行业再认认真真地干一段时间，有意识地积累和提升通用能力，直到进入本行业的前 20%。到那时，你会惊喜地发现，转行已经是一件唾手可得的事了。因为你已经具备可迁移的通用职场能力了，这是一个人成功转行的关键。

你可以看看那些大公司的高管，从食品行业转行到航空业，再转行到 IT 业，甚至再从政，完全不受行业制约，凭的是什么？凭的绝不是行业经验，而是可迁移的通用职场能力。

因此，不要感叹"男怕入错行"了。有了强悍的通用能力，想转行随时都可以。

希望看完这篇文章，你可以不再问入错行的问题了。如果你刚毕业，正在找第一份工作，对你而言，什么工作都一样。

只要你能让自己做到本行业的前 20%，以后无论是留在本行业继续发展，还是转行，都不是难事。

怎么能在混吃等死的日子里，鼓起劲好好做成一件事

文 / 谭晶美

定个看得见、摸得着的"小目标"

一艘没有航行目标的船，任何方向的风都是逆风。

迷茫、纠结、自制力差，根结在于没目标

你每天重复着工作，不喜欢，所以干不好；

你想要辞职，但是不知道想干什么，又能干什么；

你想要提升，但不知道从哪里开始学；

你报名了微课程，上课时还有热情，但三日过后散成沙，接着进入迷茫的死循环。

你迷茫纠结很痛苦，去听一个"煲汤大师"的讲座，提问环节你走了狗屎运，竟然抢到了提问机会：

"大师，我和女朋友毕业后留在北京，我们没钱，住在四环外

的地下室，和朋友聚会时，老吃别人的饭，现在也不好意思去了。像我这么低的薪水在北京，几乎一无所有，觉得自己活得像个失败者，我现在该如何是好？"

大师发话了："第一，你有多少同学想要留京没有留下，可是你留下了，你在北京还有了一份正式的工作。第二，你有了一个能与你相濡以沫的女朋友，你并不是一个人。第三，有人请你吃饭，说明你人缘好，有朋友，你拥有这么多，凭什么说你一无所有呢？"

你激动得站起来热烈鼓掌，恨不得亲大师一口：大师果然是大师，一语点醒梦中人！然而晚上回到地下室，感受到冬夜刺骨的冰凉后，你醒了：鸡汤味儿过去后，你还是那个住着地下室，迷茫纠结、懊悔自己为何没自制力的失败者。

倒掉鸡汤，让我们客观、理性地分析以上情境：在抱怨薪水低、没钱聚餐、只能住地下室时，你希望解决的是经济窘迫问题，其实你的本意是想提升自己，并获得与提升后能力相匹配的薪水，但是大师偷偷换了个角度，你就被牵着鼻子走，忘了自己潜意识里的目标了。

大师的解答确实很安慰人，但是问题会因此消失吗？显然不会。

一个人在遇到问题时，需要的是客观理性地界定问题（即发现问题），只有这样才有可能分析进而解决问题，但是大多数人在问题面前都急于求成，直接去找方法时反而缘木求鱼了。遗憾的是，大多数人把迷茫、纠结、自制力差这类目标不明的问题最终以一个励志故事收尾，模糊了自己的目标和方向。长此以往，对于一个逻辑不清的人来说，如果总是被引导用这样的方式来看待问题，只会让他的逻辑越来越不清楚，遇到问题时更没有解决的头绪和能力。

问题和目标是对好朋友，如果你在遇到问题时忘了期望和目标，自然就会迷茫了。

如何设定一个能做成的"小目标"

目标的设定看似简单，但在这个期望值被拉高、干扰信息越来越多的时代，它挑战的是你看透事物本质的综合能力。

学会"知止"，集中一个目标就够了

2004 年，76 岁的李嘉诚老先生在一所商学院的开学典礼上被问到最想对企业经营者说的忠告时，他提到了"知止"二字。

"知止"意味着学会放弃，因为在解决任何问题时，我们都必然面临资源有限性与需求无限性之间的矛盾。定下多个目标，企图一次解决多个问题并不是明智之举：一来，我们精力有限，不大可能一次实现；二来，很多方法都相通，初步完成一个目标积累的方法和信息，有助于达成后续目标。

目标的设置一定要 SMART

设置目标时人们经常会犯一些基本错误，即过于理想化、不尊重客观情况、无法落地执行，因此目标也就华丽丽地蜕变成了"美

好的愿望"。怎么才能制定出一个接地气、做得到的目标呢？一个简单易操作的规则是SMART法则。

Specific（具体的）：目标要具体。比如"做第二个马云"并不是一个具体的目标，因为马云的特征太多了：外星人的外貌、土豪、会煽动人心，到底要哪一点像他呢？因此，目标要具体成"做个身价与马云差不多的有钱人"，这样别人就不会误以为你想去整容成马云了。

Measurable（可衡量的）：目标要可衡量。想要可衡量，往往需要有数字，把目标定量化。"做个身价1300亿元人民币的有钱人"就更具体了，因为它有数字，可衡量。

Attainable（可实现的）：目标要可实现。"做个身价1300亿元人民币的有钱人"是挺具体，但是可能性有多大呢？别说马云的1300亿元，就是王健林提的"1个亿的小目标"，"臣妾们"也做不到呀。因此要保证目标能实现，不如就先制定为"兜揣100万元人民币的人"。

Relevant（相关性）：实现此目标与其他目标的关联情况。如果实现了这个目标，但与其他的目标完全不相关，或者相关度很低，那这个目标即使实现了，意义也不是很大。这个"兜揣100万元人民币的人"的目标与"脱离四环外地下室"的目标也是挺相关的，虽然买不起四环内的房子，但租还是租得起的。

Time-based（时间限制）：目标要有时间限制。多久赚到100万元。如果是一辈子才赚了100万元，那估计还是连四环外的地下室都要住不起了。

好了，运用 SMART 法则，"一年内赚 100 万元人民币"的小目标就设定好了。目标有了，下面就是怎么才能赚到的问题了。

发掘自己的驱动力

兴趣、爱好、热情并非天生的，它们同样是个体与外部环境互动的产物。老祖宗遗传的是靠着显微镜才能看清的"小蝌蚪"，存不了那么多天生和内在。人类不像其他哺乳动物那样生下来就能蹦能跳，人类婴儿生下来是最无能的，很多事情都要妈妈教导几次才能成功。但这就是人类最大的优势，由于人类出生的时候尚未发育完全，比起其他动物，也就更能用教育和社会化的方式加以改变。

自我决定理论认为社会环境可以通过支持自主、能力、归属三种基本心理需要的满足，增强人类的内部动机，促进外部动机的内化。

自主需要，即每个人都渴望成为自治者，希望能根据自己的意愿进行选择，能够控制自己的生活和命运；

能力需要，指个体控制环境的需要，即人们在从事各种活动时，需要体验到一种胜任感；

归属需要，即个体需要来自周围环境或他人的关爱、理解、支持，体验到归属感。

内部的自主需要根据各人意愿不同而动机不同，而且鸡汤文针对内在需要灌得超多，部分鸡汤没喝足的同学可自行找寻煲汤文，我这儿就不供应了。我更想强调的是如何利用外部环境，促进外部动机的内化，即如何增强归属需要和能力需要。

找寻最原始的归属需要

归属需要是一项被严重低估的需求，作为一种社会群居动物，人类对于归属感有种本能的需求，我们希望能与他人建立并维持稳定的情感联系，所以说归属需求的本质就是与外界的情感联系。比如，针对"一年内赚 100 万元人民币"的小目标，你能找到哪些与外界的情感联系来刺激自身的驱动力呢。

你想到几个归属需要了呢？我举几个朋友的例子供你参考。

有一个创业的哥们儿说，他闭着眼都能看到自己的孩子在四合院奔跑的画面。买一个不大不小的四合院，为孩子提供一个良好的成长环境，这个最现实的归属需要驱动着他往返于各个城市不停地讲课。

我有一个闺蜜，每天加班到晚上 20：00，下班后还兼职做韩语笔译，不到凌晨 1：00 都不休息。早上 6：00 准时起床跑步 30 分钟，6：50 出发去公司。我原先一直很惊讶于她柔柔弱弱的小身躯里哪来的这么多精力。熟悉后才知道她出身于单亲家庭，妈妈身体又不好，她的目标是在两年内存 50 万元当妈妈的养老金，让妈妈不要再强忍病痛工作。她说，她每天都能梦到妈妈退休后颐养天年的满足神情。

以上两个例子都是挖掘个人与家庭的情感联系，你完全可以根据自身情况挖掘出更多的情感联系，比如个人与恋人、个人与生死之交、个人与梦想进入的阶层之间的情感联系。

通过刻意练习，满足能力需要

首次提出"刻意练习"这个概念的是佛罗里达州立大学的心理学家安德斯·艾利克森（K.Anders Ericsson），他对刻意练习的定义是：为了掌握某种能力，有意识地付出努力，投入某项活动中。

从《刻意练习》这本书中可以提炼出四种训练标准：只在学习区学习、大量重复训练、持续获得有效反馈、精神高度集中。关于这四种训练标准，网上已有很多相关文章，建议想了解更多的读者系统地去读一下这本书。

对于刻意练习，我本人只有三点建议：训练，训练，马上训练！

神经经济学已经证实，当我们持续做一件事情一段时间，产生可见的积极结果，带来自我认可、成就感时，大脑就会自然而然地将这个行为与积极情绪连接起来。等到再次行动被触发时，大脑便会自动调取原有的积极情绪。大脑其实是个笨拙的孩子，只要我们掌握了它的规则，就能很好地对它进行操控。物理学上同样有这样的定律：维持一辆车运动的动力比驱动一辆车动起来的动力小得多。

　　想想你"一年内赚 100 万元人民币"的目标，如果你通过空闲写作、兼职授课的方式获得了第一个 1 万元，大脑得到刺激，那么你后续继续写作、授课便会简单得多。所以马上开始行动吧！

是谁偷走了你的灵感

文 / 谭晶美

找到灵感 VS 发现灵感

如果你细心观察过那些总能做出大创意，想出 big idea（大创意）的人，你会发现他们通常是先把自己的大脑准备好，然后在某个瞬间被刺激，潜伏的"思维电路"突然接通，灵感就这么出来了。对于更多的人来说，即使坐拥海量知识，把大脑喂饱，也在不断变化处境以主动获取刺激，但"灵感乍现"的频率依然少之又少。知识究竟储备到哪儿去了？是谁偷走了你的灵感?

这篇小文主要从两点帮你重新认识"灵感乍现"：

第一，所谓灵感产生的基础究竟是什么；

第二，我们如何最大化地转化经验信息为灵感的可能性。

认知心理学认为灵感是在显意识的配合下，潜意识孕育成果的闪现。灵感孕育于潜意识，后者是由显意识活动不断重复，从而记忆化、程序化、沉淀转化而来的。当潜意识活动接近阈限，或偶然受某一信号诱导，人脑皮层断路突然接通，潜意识涌现为显意识，人们长期困惑不解的问题，突然获得了答案，灵感便由此产生（见图2-4）。

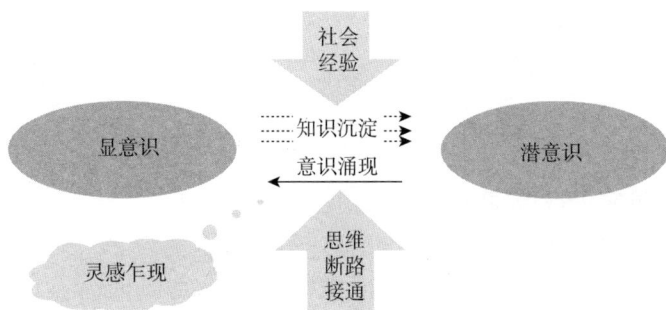

图 2-4　灵感的产生

也就是说，灵感产生的基础其实是将社会经验由显意识活动转化为潜意识范围，灵光乍现也只是在外部刺激下，内在经验和信息的发现与连接，并非盲目地在外找寻就能有所收获的。那么，很显然，加快"灵感乍现"频率的关键点就是如何更有效地调动我们原有的内在经验。

形成框架，更有效地调动原有的内在经验

我们在日常生活中因为经验积累在脑海中沉淀了大量的信息，同时因为技术的进步每天还会被输入大量的信息，但是大多数时刻大脑本能地处于自动驾驶状态，无法判断这些海量信息是否是有用的素材，只能依靠本能去过滤。

然而大脑结构的进化并未赶上文明的发展速度，比如人类看到甜点依然会产生大量口水、想大快朵颐，这是因为人类处于采集社会时，身体缺失所必需的糖分，所以大脑在看到任何含糖的食物时都会本能地驱使我们去进食，哪怕是在今天绝大多数人已经处在糖分吸收超标的情况下。

所以没有经过刻意"修炼"的大脑的本能其实并不可靠，如果大脑能够基于目标形成一个有效加工信息的框架，那么大脑运作时就能最优化调用已有框架，并且能按照框架更有条理地将新输入信息存入潜意识的经验库中，从而提升信息内化、灵感闪现的可能性。

王世民老师在《思维力：高效的系统思维》一书中说，"万事万物都是一个个系统""系统的本质就是框架"。大脑能否形成信息筛选加工框架，对信息内化、意识活动转化具有关键性的促进作用。至于如何形成筛选框架，可以从三大步骤着手。

第一，基于工作或任务目标构建信息加工框架。

公司年终总结时，CEO 问新来的实习生，明年的工作目标是

什么呀？这位平常表现努力上进的实习生元气满满地回复说希望来年能够继续提升自己，继续进步。CEO继续问，你希望提升到什么程度、又要学习什么才能达到这个程度呢？小女生默不作声了。

没有量化的目标就像走路没有终点，正如没有终点我们就无法挑选所谓的最佳路径一样，没有目标大脑当然也无法选择实现目标的最佳框架。一旦大脑中没有任何框架，自然也就答不出来应该学习什么了。

这个例子让我想起一个朋友。她2017年6月份从传统制造行业转行互联网，一直处在疯狂学习的状态。除了市场专业方面的系统学习外，还订阅了罗振宇"得到"App上的8个付费栏目，要知道"得到"上当时总共只有17个专栏。而且对于大多人来讲，坚持听一个栏目可能都比较困难，只听听响儿，三天时间过滤得渣儿都不剩的也大有人在。面对庞大的知识量，她说，以后她要做的是互联网的营销岗位，需要让自己时时刻刻跟得上网络上的变化。她听听刘润的"5分钟商学院"了解最前沿公司的商业模式及各行业情况，跟着李笑来重新梳理自己的认知，再看看万维钢的科普文尝试把各个领域的知识衔接起来，最后翻翻和菜头的粉丝留言，及时跳出各种模式，觉察生活的可爱。

我非常喜欢找她聊天，每次聊工作聊发展甚至侃大山时都会发现，她的脑中存有一个清晰的框架，完全知道自己要什么缺什么。半年的时间，她的月薪从之前小工厂的4000元翻到目前互联网企业BD（业务拓展）岗的1万元。1万元月薪在深圳可能不算什么，但对这个刚刚大专毕业一年的小姑娘来说只是开始呀。

大脑在未开发使用前就是一个机器，存储的机制同样也只是信息累积，但信息的有效性是靠与外界互动进行应用实现的，所以我们在大脑存储信息前最好就能想清楚信息的应用场景，构建出储存和应用信息的应用框架。

第二，运用框架输出信息以对框架进行优化。

人们通常都有这个经验，当想要做一件相对陌生的事时，刚开始大脑里可能只有一个雏形，甚至一片空白，脑子怎么都转不明白。如果把一开始的想法写出来，再在纸上画画改改，就更容易对思路进行组织和梳理（如果能有目的地使用思维导图思考，效果可能会更好些）。因为大脑很难同一时间考虑很多事，并且也很难一步考虑到位。在先有了一个简陋框架，并在这个框架基础上进行信息输出时，大脑就能相对轻松地优化出一个不错的思路框架。

我在刚开始尝试写文章的时候，老师一再强调，不管质量好坏，先根据构建的初步框架，把自己目前的想法完整地写下来，干巴巴的也没问题，因为基于初步框架写出来的内容，既是对已有信息的全面梳理（你要相信自己20多年生活经验的积累，大脑对这些深入潜意识中的信息既深刻又熟悉，非常容易建立知识间的联系），又是对所构建框架的一次有效验证。但是现实中，我们经常会忽略原有的信息积累，总是不停地去追寻新的外在信息，不得不说这是一种极大浪费。当然，在没有框架引导的情况下，可能确实憋不出来。

再提醒一点，在这个步骤中优化出的框架绝不是一成不变的，随着你对某一方面的更深入的了解，你要及时对框架进行更新。

第三，有意识地重复应用框架，直至大脑形成本能储存到潜意识中。

当你的知识应用框架成型后，一定要多次有意识地运用框架对信息进行加工处理，这样这个框架便会成为你大脑思考的一种本能，进入你的潜意识中。这时候大脑接收外部输入信息时，就不需要你再有意介入了，在某个时机点受到激发，"灵机一动"，灵感就产生了。

一本《乔布斯传》，有些人把它当作小说，看牛人故事打个鸡血图个乐呵就完了。创业者却会从中得到很多启示和思考，比如：沃兹是在什么情况下加入的，当时的苹果是什么样的外部环境？这对于我又有什么用？

当然，大脑能形成有效的框架，自然也能形成比较劣质的框架。比如我们生活中常见的职场偏见就是这个道理，由于重复以错误的方式输出整理某一类信息，无意中就形成了一套错误的处理框架，而这种错误框架一旦形成，种种偏见和职场恶习便形成了。因此，有意识地去多形成有效的信息处理框架，对职场发展是至关重要的。

灵感产生的基础其实是将社会经验由显意识活动转化为潜意识的过程，而筛选框架对于信息的内化、意识活动的转化具有关键性的促进作用。

你是如何在职场上谋杀掉自己的

文 / 王世民

你为何会自我设限

　　前段时间春节放假回家，家庭聚会上与表妹聊天。表妹毕业于国内某名校，就业的公司也不错，却一直跟我抱怨工作中的各种不顺，觉得老板给她的工作任务太难了，她根本没办法完成。我反问她，那其他同事也反馈老板布置的任务太难没办法完成吗？表妹一下子僵住了，表示从来没想过这个问题。

其实不仅表妹这样的职场菜鸟，不少工作很久的职场老兵也都或多或少碰到过类似情形："老板这次布置的任务根本不可能完成嘛""这个任务太难了，我肯定不行"。怪异的是，当你认为不行，老板转给其他同事处理时却总有人可以完成，甚至有时候这个出色完成任务的同事还是你认为资历、能力都不如你的人。那问题到底出在哪里呢？其实问题主要就出在了"自我设限"上。

心理学对"自我设限"的定义是：个体针对可能到来的失败威胁，事先设计障碍的一种防卫行为。也就是，你总是会说"我不行""我做不来"。这种防卫行为虽然可以防止自身能力不足带来的挫败感、暂时维护自我价值感，却常常剥夺了设限者的成功机会。因此，真正让大多数人在成功路上止步的，不是才能，也不是环境，而是自我设限的信念。

那么，人为何会自我设限呢？有一个客观原因、两个主观原因。

客观原因：习得性无助导致的消极行为

"习得性无助"是美国心理学家塞利格曼从"电击狗的实验"中提出的一个概念，映射在人身上的表现就是：当一个人多次努力并反复失败，形成了"行为与结果无关"的信念后，可能就会将这一无助的感觉过度泛化到一切情境中，甚至包括那些本可以控制的情境，于是最常用的口头禅就成了"我不行"。

比如你上小学的时候，因为某些偶然的因素导致作文得分一直稳定在 60 分（满分 100 分，老师实在不愿意再多批阅一次你的作文了），那么你就很可能习得性无助地给自己形成一个暗示"我写作文不行"，于是工作后一切与书面有关的内容——写文案、写PPT 等，你都会第一反应冒出"我不行"的念头。

主观原因

第一，不愿走出"舒适区"。

"舒适区"这个概念最早出现于 1908 年，由心理学家罗伯特·M. 耶基斯和约翰·D. 道森提出。简单定义就是：舒适区是指活动及行为符合人们的常规模式，能最大限度减少压力和风险的行为空间。因此想让人的大脑跨出舒适区就成了一件相当需要意志力的事情。（一提意志力，是否觉得又要炸了呢：老子如果能有意志力，还要听你在这儿念叨！）

比如在选择工作任务时，我们在心理上更倾向于选择自己已经非常熟悉的工作，而非一个全新的充满挑战的任务；承接业绩目标时，更愿意找出各种理由为完不成业绩做铺垫，而非立马跟老板立下军令状（说白了就是想待在舒适区的"懒癌"又发作了）。最近看到的一段"鸡汤"就很典型：刘强东给业务层开会，要求业绩达到 150% 的增速。一个业务负责人说有难度，并开始陈述理由。刘强东立马打断他："对不起，你没听懂我的问题，我问的是怎么增长，不是问你怎么不能增长。"后来就不多言了，反正在管理层例会上再没见过那个负责人的身影。

虽然待在舒适区会让我们的大脑很爽，但不幸的是，不少研究表明，我们需要在一个相对焦虑的状态下才能够达到最佳状态。任何鞭策过自己以达到新水平或者完成挑战性任务的人都知道：当你真的挑战自己时，你做出的成就会让人惊叹！

第二，怕失败后的"丢脸"。

丢脸这件事吧，其实你越怕丢脸就越容易丢脸。比如你讲话有点结巴，因为怕丢脸不敢在公共场合讲话，也不敢参加任何演讲俱乐部，结果只能是越来越结巴。假若你不怕丢脸多开口讲话，可能就克服了结巴，从而也就不会因为结巴而丢脸了。头马演讲俱乐部（即土司马斯演讲俱乐部）关于如何提升演讲能力的三个秘诀就是"坚持、不要脸、坚持不要脸！"

5分钟快速破除自我设限

如何才能快速破除自我设限呢？需要意志力走出舒适区的办法我就不讲了（反正你也做不到），直接传授一个不要意志力的实用大法吧：信念转化（"自我洗脑"）。无论你是因为习得性无助导致的自我设限，还是因为不敢走出舒适区或者怕失败后的丢脸导致的自我设限，都可以通过信念转化轻松破解。

任何一件事，如果你认为自己"不能"，那结果很可能就是"不能"；但如果你认为自己"能"，最坏的结果也就是"不能"，而且百分之百不会比你认为"不能"的结果更差。我很喜欢亨利·福特讲过的一句话，"如果你认为你能，你是正确的；如果你认为你不能，你也是正确的。"既然都是"毒鸡汤"，为何不喝甜一点的，告诉自己"能"呢？

好了，现在"鸡汤"喝下去了，相信"我能"了。具体要怎么做，才能将自我设限的信念转化为积极的、"能做到"的信念呢？这就轮到"信念转化五步法"闪亮登场了（见图2-5）。

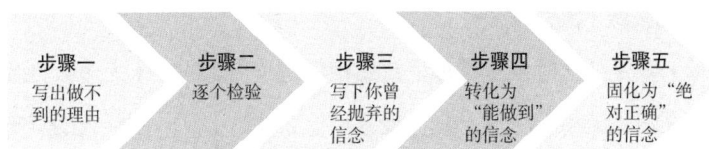

| 步骤一 | 步骤二 | 步骤三 | 步骤四 | 步骤五 |
| 写出做不到的理由 | 逐个检验 | 写下你曾经抛弃的信念 | 转化为"能做到"的信念 | 固化为"绝对正确"的信念 |

图2-5 信念转化五步法

步骤1，写出做不到的理由

将最近一次你认为自己做不到的事情以如下形式在纸上写下来：

我是个×××的人，所以_____事情我不行（见图2-6）。

★注：_____是要做的事，×××就是你认为做不到的理由（背后就是自我设限的信念）。

我是个
太沉闷、不会激励下属的人，
不敢在公开场合演讲的人，
没有太多创意的人，
不太会跟人交往的人，
没有太多耐心的人，
所以做部门经理我不行。

图2-6 写出做不到的理由

步骤2，逐个检验

逐个检验以上×××的信念（问自己下面的问题，写下每一个问题的答案）：

· 是什么让我相信这是真的？（我有哪些客观的证据，能够切实证明我做不到。）

· 我是什么时候从谁那里开始相信这个信念的？（大多数自我设限的信念在我们人生初期就受家庭、亲友、老师、同龄人的影响形成了。）

· 我上一次质疑这个信念是在什么时候？（我们相信太久了，以至于这些自我设限的信念看起来"无比正确"。）

步骤3，写下你曾抛弃的信念

拿出一张新的空白纸（或用纸的背面），在中间画一条竖线，在左栏写上"可笑的、过时的信念清单"标题，再花时间找出三个被自己抛弃的、现在看来非常"可笑"的信念写在左栏（见图2-7）。

所谓荒谬的、过时的信念就是我们曾经坚信"正确的"信念，但现在我们都知道是可笑的、根本"不对的"。比如你曾坚信你是爸妈捡来的（不清楚中国爸妈为何这么喜欢告诉小孩是捡来的），上了生理课后终于知道原来不是；再比如你曾坚信在家里撑伞会长不高（我曾因为这个宁可在数九寒天淋着雨也要在外面收了伞才肯进屋子，最后用实践狠狠地证伪了这个信念）；还有筷子使得长嫁得远（现在有点后悔，当时咋不抓着筷子顶端吃饭呢）。

可笑的、过时的信念清单	我认为绝对正确的信念
我是爸妈捡来的 在家撑伞会长不高 筷子使得长嫁得远	

图 2-7　写出曾抛弃的信念

步骤 4，转化为"能做到"的信念

将经过步骤 2 逐个检验的信念誊写到左栏（罗列在你步骤 3 列出的三条信念之后），在 A4 纸的右栏写上"我认为绝对正确的信念"标题，再将左栏的自我设限的信念转化为积极的、"能做到"的信念写在右栏。

比如，假设你有一条限制性信念是"我太沉闷了，不会激励下属"，那便写上"我能成为一名超会激励人的领导"；或者你目前认为"我不敢在公共场合演讲"，那便写上"我知道我在公共场合能讲得很棒"。按照此方法，将左栏所有自我设限的信念，都变成积极的"能做到"的信念，在右栏写下来（见图 2-8）。

可笑的过时的信念清单	我认为绝对正确的信念
我是爸妈捡来 在家撑伞会长不高 筷子使得长嫁得远 注：以下信念来自于步骤1、2 我太沉闷了，不会激励下属 ➔ 我不敢在公开场合演讲 ➔ ……	我能成为一名超会激励人的领导 我知道我在公开场合能讲得很棒 ……

图2-8　转化能做到的信念

步骤5，固化为"绝对正确的信念"

经过以上四个步骤，你会发现所有制约你的信念都转化为积极的、"能做到"的信念了。接下来第五步（5分钟之外的活了）就是将新的积极的、"能做到"的信念固化为"绝对正确的信念"（手段与传销洗脑的原理是一样的，只是洗进去的内容不同）。

固化信念有两种做法：一是自身改变为主的，即自己每日三读右栏的信念，直至完成"自我洗脑"；二是借助外界环境，认为自制力不够的同学就要主动选择一个积极乐观的环境，让周围的同事带动你固化信念（这就是传销洗脑为啥要面授的原因了）。

好了，到此为止，信念转化的五个步骤都完成了，你也成功地"自我洗脑"了。

"自我洗脑"外，再加点有方法的行动

运用上面的"信念转化五步法"后，你在信念上突破"自我设限"了，迈出了走向成功的大大一步。是不是不再自我设限后，就一定会成功呢？成功的可能性确实很大了，但如果能在"鸡汤"之外，再优化一下自己的思考和行动方法，那就更完美了，否则即使再拼命加班可能效果也达不到预期。

> 记得之前公司销售部的一个小伙子，刚来公司就愿意挑战最难搞定的几个客户，天天陪客户到凌晨一两点，老板很看好他。但好景不长，还没熬到转正期，小伙子就跑去跟老板提离职，说可能不适合做销售，努力了两个多月，一个客户都没搞定。老板问："你能跟我说下你是怎么做的？过程中做过哪些调整和改进吗？"小伙子愣了一下，嘟囔道："我每天都在忙着陪客户，没有时间去想这些。"

如何建立合适的思考和行动方法呢？要在思考和动手做事之前，先构建出分析或行动的框架（如分析模型、行动计划、操作步骤等）。

当你发现"你不能"而别人却能出色地完成工作任务时，如果你自认为还是个对自己有更高期待的人，切记不要妄自菲薄，认为

这就是注定的。大多数人还没到拼天赋的程度，不是你的信念出了问题就是你的方法出了问题，因此只要将"自我设限"的信念转化为积极的、"能做到"的信念，再加上合适的思考和行动方法，你就是那个能出色完成任务的人。

没学历、没经验，凭什么你就敢按本能做事

文 / 王世民

1991 年出生的年轻人与"李叫兽"的差别是什么

这一个月来碰到了两件似乎毫无关联的事，让我产生了写这篇文章的强烈冲动。

第一件事是 1991 年出生的李靖（李叫兽）被百度聘请为副总裁（2018 年 4 月 18 日，李靖通过朋友圈宣布了自己将从百度离职的消息）。我好奇地查了他的资料，结果看到一段对他的介绍，大致是说他初中时打架很厉害，其实他身体条件一般，也没拜什么名师学艺。那他是怎么做到的呢？原来他用父母给他的零花钱买了各种有关打架的小人书，挑选其中对他有效的招式练习，结果他就成了打架很厉害的人了。同期也有几个比较能打的孩子，但他发现这些孩子根本没有研究过如何打架，要么凭借天生的悟性，要么是靠着身强力壮而已。最后，李叫兽将他目前的成功经验总结成了一句

话："也许我从小就知道做任何事情都需要策略吧。"

第二件事是公司新招的一名行政小姑娘，也是 1991 年出生的，因为忙不过来，刚上班就请她先临时帮忙做一阵子发布在腾讯课堂的"YouCore 思维力训练"课程的运营推广工作。前一天晚上布置完任务让她自己先捋捋思路，结果第二天中午她就委屈地跑过来跟我诉苦说被多个 QQ 群踢了，甚至还被个别人用不雅词语骂了。我很好奇地问她在 QQ 群里做啥天怒人怨的事了？她回答说只是在 QQ 群里发了腾讯课程的链接，请大家多多关注学习之类的，紧接着就抱怨了一大通现在的人素质怎么这么低之类的。好不容易听她倾诉完，我问了一句："为何你想到在 QQ 群里发课程广告呢？"她好奇地看了我一眼，说："我经常收到别人发给我的 QQ广告啊，所以您昨天给我说到课程的运营推广安排，我就想到这个啦！"

听完后，我沉默了：你一没市场营销的学历，二没运营推广的经验，为何就敢按自己的本能做事呢？如果这样都能做好运营推广工作，那些 4 年甚至 7 年寒窗苦读的市场营销专业正规军、十来年运营推广经验的互联网老兵脸往哪搁呢？这岂不说明他们的专业知识或者经验毫无价值和门槛可言？！

李叫兽做任何事都想到要有策略，甚至连初中时打架都要找到方法；我们的行政小姑娘其实是一名不错的员工，态度很好而且敢于担事，但在进入一个陌生领域时，第一反应不是先找有经验的同事咨询或找几本运营推广的书了解基本做事框架，而是直接按自己的本能做事。按框架而非本能行事，我想这可能就是李叫兽领先于绝大多数同龄人的地方吧。

我们为什么会按本能行事

何谓本能呢？本能就是无须大脑费力思考、无意识的活动。我们大脑在 90% 甚至更高比例的情况下都是在按本能行事，其中一些本能是老祖宗从基因里遗传给我们的（比如生下来就知道要喝奶），当然这是很少的一部分，绝大多数本能是我们经过反复练习，有些甚至是通过血的教训才形成的，比如不将手伸到沸水里。

人为什么绝大多数情况下都是按本能行事呢？这又跟我们大脑的生理机制有关了。我们的大脑其实是个大懒虫，偏好惰性思考。这种懒惰本性体现在我们的工作、生活、学习上，就是绝大多数时候尽可能避免费力思考，而是利用大脑轻松、无意识的惯性思维做判断。诺贝尔奖得主丹尼尔·卡尼曼在其巨著《思考，快与慢》中，通过严谨的实验也证实了人类本性懒惰的情况。他在书中提到："通常情况下，大多数人保持连贯的思维或时不时积极思考都需要自我控制力。不断转换任务和提高大脑运转速度从本质上说是不会让人感到快乐的，人们总是尽可能避开这种情况，这就说明了为什么最省力法则能成为法则。"

大脑的这种懒惰其实并非坏事，正是因为这种懒惰，大脑才能够快速思考并驱动我们的本能行为，而这也是一个人生存的基础。

比如在骑车时对面突然冲过来一辆汽车，大多数人会第一时间弃车而逃。这是懒惰的大脑本能地意识到危险后（哪怕错了）第一时间就驱动了我们的行为。如果这个时候我们依靠大脑的费力思考，先分别计算自己和对面汽车的时速，再计算两者相撞后的冲击力，等评估肉体对这种冲击力的承受程度后再做出是否弃车而逃的决定，那么我相信旁观者看到的场景一定是某个呆若木鸡的人被撞了个高难度的后空翻。

按本能行事的不足

既然按本能行事这么有效，那么行政小姑娘何错之有呢？错就错在大脑依靠本能行事的机制虽然在大多数情况下有效，可惜的是，不少情况下依靠本能也会做砸很多事，特别是复杂的、陌生领域的事。

比如某汽车企业想并购一家零部件工厂以提升核心零部件供货的稳定性，如果请你从十家候选的零部件工厂中挑选一家做投资，你会选择哪一家呢？这时你能够依靠本能完成这件事吗？

也许你本能上觉得不行，恰恰相反，绝大多数人会通过本能完成这件事，而且他们还会自认为完成得很好。一个"韩粉"可能会因为某家的老板长得像宋仲基而选择投资，一个完美主义者可能会因为某家的环境最干净而选择投资。因为我们大脑的惰性思考机制在避免费力思考这件事上做了很多思考，它会在你不自知的情况下将需要费力思考的问题偷换成不怎么要动脑的问题，比如该例中将复杂得要动脑的投资问题偷换成了"谁像宋仲基"或"谁家的厂更干净"的问题。

其实不仅非专业人士会犯以上偷换问题以避免费力思考的错误，所谓的专业人士同样会犯以上错误。很多专业人士过于自信，过于相信自己的本能或直觉，会觉得认知努力没什么意思，会尽量避免费力思考。

那专业人士的本能或直觉是否都不能相信呢？也不是。比如某些象棋大师一看棋局就能知道三步内黑方必死，这种直觉非常准。但其背后的机制不是魔法，而是他们经过了数千小时的打棋谱和比赛锻炼，将各式棋局记忆到了大脑中，形成了后天的本能。因此这些象棋大师在看棋局时无须像我们一样费力思考，而是直接根据棋局提示从大脑中自动搜寻记忆，即惰性思考即可。

在没有深刻理论学习或充分实践经验的前提下，我们是无法做到像这些象棋大师一样形成对棋局的本能的，此时依靠本能行事几乎百分之百不可行或非最佳做法。就像我们的行政小姑娘，在缺少互联网营销推广理论知识和实践经验的情况下，贸然遵从自己的本能认知在 QQ 群发广告，只能是毫无成效的，甚至会产生负作用。

因此，在面对复杂、陌生领域的事情时，我们只有通过深入学习、充分实践形成本能后，方可在一定程度上遵从本能感觉行事。其实我们提倡对新理论、新工具的深入思考、刻意练习，其本质就是为了形成后天本能以避免费力思考。我们改变不了大脑偏好惰性思考的生理机制，但是我们可以让惰性思考更有效，这就是经验的根本价值。

如何弥补本能的不足

既然我们在面对复杂、陌生领域的事情时无法依赖本能，那么到底要怎样才能够做好呢？答案很简单，就是用"框架＋数字"以弥补本能的不足。

用框架指导思考

刚进入一个陌生领域时，我们首先要构建出这个领域的框架。刚开始因为认知有限，框架可以是粗放的，甚至是有偏差的，当然最有效率的方法是找到已有的成熟框架，即已有的理论、模型、工具等，站在巨人的肩膀上可以让我们少走弯路并更有成效。再在这个框架的指导下，有策略地开展工作。

例如，行政小姑娘完全可以先阅读 1 ～ 3 本讲互联网运营推广的书籍或找有经验的同事咨询，构建出内容运营、用户运营、活动运营的分类框架及细分内容，再根据相应的运营内容挑选适合自己的方法、工具并加以运用。那么同样一天的工作，成效会有天壤之别，给老板留下的印象也会更好（见图 2-9）。

再比如跨行业进入一家新公司时，你完全可以先利用行业分析框架——先用 PEST 模型进行宏观环境分析，再展开包括市场总量分析和细分市场分析在内的市场环境分析，再对行业价值链和关键因素进行分析，最后再做行业内企业竞争分析，以建立对行业的全局理解（见图2-10）。

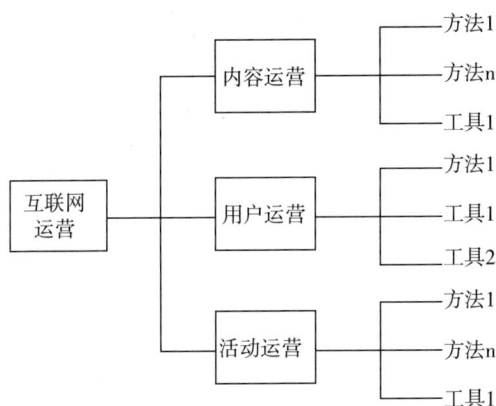

图 2-9　互联网运营框架示意图

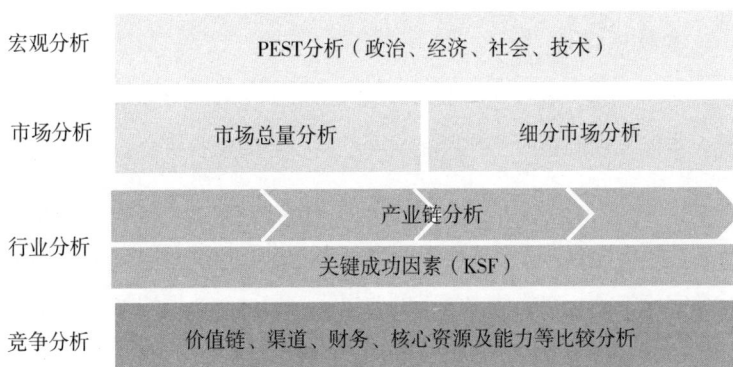

图 2-10　行业分析框架图

利用企业战略分析框架（比如 IBM 的 BLM 模型、麦肯锡的
7S 模型等等）建立对新公司的全局理解，这样你不仅在新公司的
适应期会大大缩短，对后续工作的开展思路也会更加清晰（见图
2-11）。

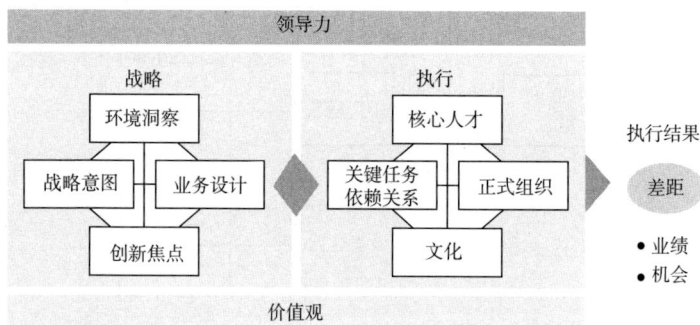

图 2-11　BLM（业务领导力模型）

拿数字说话

某些行业专家或公司老板可以凭借几十年的理论积累或实践经
验，本能发现问题的症结所在或洞察到行业的增长机会，但对刚进
入该行业的新手而言，这是可望而不可即的。这是否意味着行业新
手就一定不如行业老兵了呢？显然不是。没有可依赖的本能，可以
拿数字来说话，在构建出框架的前提下，通过对数据的采集和多维
分析，行业新手同样可以产生对问题和行业的洞察，而且有时洞察
的深度和准确性会远远超过行业老兵的本能感觉，特别是在大数据
和人工智能应用逐渐深入的情况下，数字分析出的结果已经越来越

有效。比如管理咨询顾问通过构建某公司的成本模型，并采集和计算各环节的成本数据，往往能给出比该公司老板或财务总监本能认知更好的成本分析结果和成本优化方案；再比如已经在部分领先工厂应用的智能监控大数据平台，比有几十年经验的车间老师傅能更早且更多地发现机器运行的潜在问题。

通过"框架＋数字"的组合，你可以快速进入任何一个行业，并取得80分的成绩。若你想进一步取得90分甚至100分以成为某个行业的专家或企业领袖，还需要进一步刻意练习框架和熟悉数字直至形成本能。因为我们懒惰的大脑是不愿意支撑持久的费力思考的，因此我们需要节省有限的脑力分配到关键环节中。

遵从本能行事有其固有的局限，特别是因为年龄、经验或环境的局限，在没有足够的理论积累和实践经验的情况下，更不能盲目地相信本能认知。若本能的可靠性难以保证，就需要善用框架、拿数字说话并多多刻意练习，这样不仅可以具备与老兵们一样的行业能力，还可以克服老兵们依靠本能的局限。

凡事都追求策略的李靖25岁成为百度历史上最年轻副总裁的职场经历已经给出了最好的阐释。在此也祝愿他的其他同龄人，甚至年纪更小的年轻人，能在框架的指导下取得比李靖更大的成就。

你是如何一步步失去自我的

文 / 刘艳艳

为什么会过分在意别人的看法

我室友，人称"蓝妹妹"，是个典型的"忧郁女王"。一大早就跟我叨叨："我昨天晚上在朋友圈发了几张自嗨照，结果被老板点了'赞'，还评论个'惊讶表情'！你说这老板到底是啥意思嘛，我琢磨一晚上没琢磨透，梦里都头疼……怎么办？"听了她这庸人自扰的想法，我无言以对。

外甥女向我求助：想竞选学生会的职务，又担心自己演讲紧张时胡言乱语，怕丢人现眼。

表姐这个"老好人"也来跟我诉苦：别人请她帮忙，

即使有时她心里百般不愿，也还是会耗费精力去做。只是因为不想让别人觉得自己不好相处。

仔细想想，身边"过分在意别人看法"的人还真是不少。因为过分在意，总是试图使自己满足他人的期望，长此以往，也越发敏感，渐渐失去了自我。

在意别人看法本身并没什么错。但如果已经影响到自我认知和生活习惯，那就另当别论了。我们为什么会过度在意别人的看法呢？

其实，大到社会，小到家庭和自身，都不同程度地影响着我们在意别人看法的程度。就整个社会而言，单一个体只要是在社会环境中生存，就必然会受到社会的评价。我们需要别人的认可来确定自己在社会关系里的位置。

社会学家欧文·戈夫曼（Erving Goffman）在1959年提出过印象管理理论：人们试图管理和控制他人对自己形成印象的过程。这一过程背后也透露出，个体试图以与当前的社会环境或人际背景相吻合的形象来展示自己，以确保他人对自己做出愉快的评价。

就个体家庭来说，我们从童年时期就受到父母或至亲的影响，即被要求成为他们所期待的"别人家的孩子"。长此以往逐渐形成了以别人的评判标准来看待自己，试图去满足别人的期待的心理。

除了因社会和家庭的环境造成的自我价值感偏低，我们过度在意别人看法的另一种来源是，对客观标准的不确定性所造成的自我怀疑。而这种不确定性实际上来自目标和能力之间的差距：或低估自己的能力，或高估自己的目标，或客观能力不足。

我们太在乎别人的看法，最终导致：做事时畏首畏尾，忽略事情本身，无法看到事物的本质；压抑了自己内心的真实感受，也很难感到真正的快乐。这和我们的本能需求（马斯洛最高层次需求——自我实现）无疑是背道而驰的。

因此，要克服上面的影响因素，我们至少要做到遵守"厚脸皮做人，硬头皮做事"的人生准则，并且定期检查调整，做到知行合一。

第一，厚脸皮做人：坚定自己的信念，恰当评估自己和他人的价值感。

美国心理学家埃利斯创建的 ABC 认知理论认为，激发事件 A（activating event）只是引发情绪和行为后果 C（consequence）的间接原因，而引起 C 的直接原因是人们对激发事件 A 的认知和评价而产生的信念 B（belief）。简而言之，行为后果 C 是由信念 B 直接导致的，而并非激发事件 A。因此，如果我们想做到遵从自己的内心做事（C），那么当 A 发生时，就必须改变过度在意别人看法的信念（B）。如果要恰当地评估自己和他人的价值感，我们就要改变自己与外部相处的以下三种信念。

主观臆想的焦虑解决不了任何问题。回想一下，你每次因为焦虑吃不好、睡不好的时候，你担心的事是否真正发生过呢？发生的概率又有多大呢？曾经有室友告诉我，自己白白数了一晚上羊，第二天到公司啥事儿也没发生。

其实，让自己焦虑的是我们对他人想法的解释，而这些解释往往会偏离事情的真相。我们因为对方一个眼神、一句评价，或是一个疏忽而得出的结论，往往是以偏概全。所以，不要对别人的言行天马行空地乱猜。

别把自己看得太重要。你真的以为自己就那么重要吗？聚光灯效应只存在于脑海中，而非现实情况中。外甥女给我发来微信，说竞选上了自己心仪的岗位。

如果你还是觉得丢脸，那就学《择天记》中的唐三十六问一问自己"脸是什么"，当你放弃给别人留下好印象的负担之后，会发现原来自己的心里如此踏实。所以，勇敢地让自己"丢脸"吧。

别人对你没那么重要。再回想一下，那些让你产生困扰的"别人"，你是靠他们交房租还是靠他们吃饭呢？如果都不是，你又在意他们什么呢？ 而且大多数情况下，我们只有从自己的实际需求出发，调动个人积极性才能处理好一件事情。表姐终于委婉拒绝了同事的请求，而同事并没有因此对她产生恶意。

《老友记》里的菲比跑步姿势极其难看，瑞秋觉得丢人，不愿意和她一起跑步。菲比对瑞秋说，为什么要在乎别人，你要知道他们都不会出现在你接下来的生活里。所以，在不违反法律和道德的情况下，勇敢跟别人说"不"。

一千个读者眼中会有一千个哈姆雷特。我们可以根据他人的建议修正自己的短板，但不要因为他人的不解而否定自己的信念。

第二，硬头皮做事：不仅要制定合理目标，更要坚定自己的目标。

一个人的价值并不取决于某个人对你的看法，所以没有必要为了某个人而委屈自己做不愿意做的事或不敢去做自己想做的事。实质上，你的价值来自于你所取得的成就，并非你这个人本身。

因此，我们要做的是坚定自己的目标不动摇，以终为始，倾尽全力提升自己的能力，逐步缩小能力与目标的差距。然而，仅制定目标、构建能力体系做到了"知"远远不够，更重要的是按"知"去"行"。

第三，检查调整，做到知行合一。

检查调整是做任何事情都必不可少的环节。为了避免在为目标努力的过程中出现偏差，我们要每日总结，每周进行一次复盘，及时纠偏，真正做到知和行的统一。

复盘的目的在于引导我们站在全局的高度和立场重新看待自己目前的状况，就像站在迷宫之上看迷宫之中的人寻觅出口一样，整理、回顾、反思后再行进，才会笃定和坦然，不会迷失在表象里。

"如果你过于在意别人的看法，那么你的生活将变成一条裤衩。别人放什么屁，你都得接着。除非你是超人。"话糙理不糙。

所以，每当遇到此类问题，请记得不要因为别人的"看法"影响自己的情绪，不敢做想做的事，违心地做自己不想做的事。请记得人生准则"厚脸皮做人，硬头皮做事"，最后要定期对自己的执行情况进行检查调整，真正做到知行合一。

你那么努力，
你领导知道吗

初入职场，如何让领导半天就"爱上你"

文 / 刘艳艳

口才是社交的需要，是事业的需要，一个不会说话的人，无疑是一个失败者。

——亚伯拉罕·林肯

表达不清带来的危害

我曾经在某国内知名会计师事务所任职内控咨询顾问，一次周例会上，我们在讨论客户的采购问题，项目经理与刚入职的毕业生小白进行了如下对话：

项目经理：小白啊，你昨天参加了采购部门的访谈，他们的采购有什么问题吗？

小白：呃，呃，呃……经理，我们在调研时，采购经理说，公司主要就是办公用品的采购，其他部门提需求然后我们去买，没有总经理审批，买回来以后有需求的部门过来拿就行……

（3分钟过去了）

项目经理：那你觉得他们的问题是什么？

小白：经理，我觉得采购经理不够配合我们的调研，没有说出关键性的内容，我们想了解的他都避而不谈……

项目经理听了小白的回答后，无奈地（我依稀能回忆起她当时纠结的表情和叹息声）说了一句：呃，好吧。

看到这里，你觉得小白的回答怎么样？项目经理满意吗？无论他当时是紧张、担心说错，还是逻辑不清，结论是小白表达不清，经理甚是忧伤！

前段时间我在做ERP顾问培训时，班级里有个别学生（大多是应届毕业生或毕业一两年的人）在回答问题时也经常出现表达不清楚的情形：答非所问、话太多、无重点、无逻辑。

针对上面的情况，也许你会认为：我刚毕业，回答不好很正常。其实不然，表达不清楚会严重影响我们的职业成长。

表达，是将思维所得的成果用语音语调、表情、行为等方式反映出来的一种行为。表达以交际、传播为目的，以物、事、情、理为内容，以语言为工具，以听者、读者为接收对象。

现代管理之父彼得·德鲁克说过："一个人必须知道该说什

么，一个人必须知道什么时候说，一个人必须知道对谁说，一个人必须知道怎么说。"否则，很可能会给你的工作带来不便，影响个人和公司的利益。

表达不清，你会错失一个薪资和平台都具有吸引力的工作机会

我的两个大学同学微微和婷婷，微微比婷婷成绩好，但婷婷比微微"会说话"。毕业后，婷婷去了一家国内的知名公司，微微只去了一家普通的外贸公司。

表达不清，你会失去领导的信赖，与升职加薪失之交臂

我闺蜜有一次跟我讲，她男朋友平时工作很认真，非常敬业，但是感觉领导不太喜欢他，而且工作一年多也没涨工资。我了解情况以后，发现他跟领导汇报工作时是这样的："领导，我今天主动联系了一个老客户，打电话、发邮件他都没回。后来我通过 QQ 联系了一个人，他给了我联系方式……"说了很多，却没有逻辑，没有重点。如果你是老板，你愿意给他升职加薪吗？

表达不清，你的一笔订单失败就会给公司造成上百万的损失

前些日子我听堂哥讲，他有一个同事突然辞职了。他的同事是一个工作了 10 年的"老"人，平日在公司里领导也比较认可他的能力。有一天因为领导临时有事，把一笔已经快谈妥的业务交给他，委托他去跟客户进行合同谈判，结果因为他的"口误"，好心办坏事，与客户吵了起来，订单没了，公司损失了 500 万元。我想，这就是他离职的原因吧。

像上面一样的事例不胜枚举。无论你学习成绩有多好，工作有多敬业，工作经验有多丰富，如果你不知道如何更好地表达，依然与好运无缘。因此，要想充分展现你的实力，请先学会如何更好地表达，让领导信赖你。

"讲三点"快速提升表达水平

有效的表达方法就是"讲三点"。通过"讲三点"来解决与领导沟通的问题，让领导认为你这个职场菜鸟也不菜，一不小心就会"爱上你"。

什么是"讲三点"

通俗地讲，"讲三点"指的是在文章写作、语言表达时，用三句话总结你想要表达的内容。

为什么是"讲三点"

"三"在中国是一个非常活跃的数字。在古代，人们认为，"三"是最圆满的。《史记·律书》中提到"数始于一，终于十，成于三"。"三"是最包容的。宇宙中的万事万物都是由天、地、人三才创造的，世界上所有有形的东西都是由三维空间构成的，天地间所有的色彩都是由红、黄、蓝三原色构成的。"三"在中国已经成为一种观念和文化深入我们的思想。如古人行礼要三让三揖，做事要三思而后行，成语有三人成虎、举一反三……

纵观历史长河，我们可以轻松发现"讲三点"的例子，足以说明它的存在有着重要的意义。那么，它在我们的工作中到底有啥好处呢？

我来"讲三点"：

第一，方便记忆。1871年，英国经济学家和逻辑学家威廉·杰沃斯做过一个实验——俗称"7±2"效应，说明人类大脑在努力记忆的情况下，准确的短时记忆数量只是在5～9之间波动。为了让别人在一般状态下准确接收你传递的信息，一次性传递的要点数量最好在3个左右（2～5个）。

第二，信息全面。"三"其实也代表多数的意思，万事万物基本可以归纳总结为三类，每一类又可以细分为三点，如果有必要也可以继续细分。俗话说，三三得九、九九归一，其实就是这个道理。"三"基本可以涵盖所要表达的内容。

第三，提升逻辑。无论是文字还是语言都可以通过"三点"来快速构思，提升归纳总结能力，进而提升逻辑性和条理性。

当然，我们也不能教条、机械地在任何场合都用"讲三点"来照搬。《笑傲江湖》中的风清扬传授令狐冲"独孤九剑"时，一直强调：招是死的，人是活的。所以大家也不要把"三"学死，要学会灵活运用。

如何"讲三点"

现在大家已经知道了"讲三点"的好处，而且这种方式已经被各类人士在各个时代的各种场合中广泛应用。那么，如何能让"讲三点"真正变成自己的一种能力呢?

第一，要积累"讲三点"框架。

框架可以从时间、结构、重要性等维度去积累和练习。本文主要告诉大家学会"讲三点"。想深入学习的同学可以关注畅销书《思维力：高效的系统思维》，你会深入了解到框架的魅力，如何构建框架，用框架去思考。

下面，我们用"讲三点"框架将小白的回答修改一下：

"项目经理：小白啊，你昨天参加了采购部门的访谈，他们的采购有什么问题吗?

小白：经理，通过昨天的调研，我们发现客户的采购管理流程存在三个问题。第一，采购申请没有分级授权审批，无论采购量大小，都不经过总经理审批；第二，采购入库不做记录；第三，办公用品领用不做登记。（按照采购流程的时间顺序："采购申请—采购入库—物资领用"。）

如果小白一开始就掌握了"讲三点"的表达技巧，项目经理肯定会对他刮目相看吧!

再比如说，马上开公司年会了，跟领导喝酒总要说点什么吧!不妨用"讲三点"试一下：

"领导：您严谨的思维逻辑和优秀的工作习惯深深影响着我。在您的带领下，我收获了知识、能力和不错的收入；预祝公司明年再创佳绩! 干杯!"（按照结构顺序："你、我、公司"。）

这句话看似简单，但是利用了"讲三点"来讲述，领导听到心里必定对你赞不绝口！

再举一个例子，你去参加好友婚礼。婚礼现场，主持人请你讲几句祝福的话。你脑子突然卡壳，只会说一句"祝新郎和新娘新婚快乐，百年好合"！如果你会用"讲三点"，你可能会这么说：新郎是我的好"基友"，结婚之前我俩天天一起打游戏，现在被美丽的新娘"抢走"了；新娘是我同事，这么知性优雅的美女竟被我的好"基友"搭讪成功；我这个中间人就只有羡慕和祝福的份儿了！祝你们新婚快乐，幸福美满！（也许婚礼现场会有美女被你的"讲三点"吸引，下一个结婚的人就是你！）

第二，要养成"讲三点"习惯。

冰冻三尺非一日之寒，习惯的养成也非一朝一夕之事。关于如何轻松养成习惯，我也来"讲三点"：备忘录提醒、执行给奖励、他人监督。

首先，根据自己的生活和工作情况列出需要讲三点的事项清单，并设置带有铃声提醒的备忘录。事项清单既可以是工作中的也可以是生活中的事情（前期为了养成习惯，任何事情都用讲三点来说，比如跟父母打电话、跟朋友聊天、写日记、餐厅点餐……）。

其次，今日事今日毕。在根据清单执行的同时要于当日进行总结，完成计划后给予自己奖励。

最后，在习惯养成的过程中离不开他人的帮助。找一个至亲的朋友、同事或家人提醒你、监督你，并对于他们的帮助给予奖励。

不积跬步，无以至千里；不积小流，无以成江海。走向成功的道路没有捷径，从一点一滴做起。想要在职场中快速成长，让自己的生活变得更好，就从"讲三点"练起吧!

现在知道如何让领导半天就"爱上你"了吗? 方法很简单:"讲三点"! 但仅知道是不够的，还要行，必须做到知行合一，方能实现目标。这既需要平时积累"讲三点"框架，更需要养成"讲三点"习惯。

实际上，"讲三点"就是运用框架来思考，进行文字和语言表达的过程。运用框架的能力直接决定了我们思考、表达和学习能力的高低，这也是我不断强调一定要具备构建框架能力的原因。

你那么努力，你领导知道吗

文 / 刘艳艳

为什么一定要"结论先行"呢

上文给大家分享了表达的一般技巧"讲三点"：初入职场，如何让领导半天就"爱上你"，不知道大家都刻意运用了吗？"讲三点"看起来很简单，但需要在工作、生活中多多去用，只有用多了才能形成本能，才能真正将它变成自己的一种能力。现在分享给大家一种比"讲三点"更适用于更高要求的工作场合的技巧。

2016 年上半年，都市职场电视剧《欢乐颂》在浙江卫视、东方卫视及各大视频网站热播。剧中到了年底要进行考核时，关关有一句经典台词："通过考核就能留下来，通不过考核，一年的辛苦就白费了！"虽然关关对考核如此重视，但是当她把工作总结交给部门经理以后，经理却建议她重新修改，因为她的工作总结完全凸显不出她到底创造了什么打动考核人的价值。经理知道她工作很努力，但是负责考核的人是不知道的，只能通过工作总结来做判断。所以，你平时的努力固然很重要，但也要让领导知道才行。

关关的总结被退回以后，她给安迪打电话寻求帮助。安迪给她的建议是在总结的最开始，用最强劲的语言灌输给考核者需要的 ABCD。一句话总结为：摸中对方的需求，让对方跟着你的框架走。关关采纳了安迪的建议后，通过了考核。

安迪给的建议有两个核心要点：了解对方需求，结论先行。就年终工作总结来说，领导的需求是看你是否有创造价值的能力。而"结论先行"就是我今天要分享给大家的表达技巧。

人的大脑在接收信息时，会不断地猜测后面的内容。如果我们不第一时间给出观点，对方很可能会根据局部信息在脑中提前形成与你不一致的结论。

举一段前几天我与朋友的对话作为例子：

我：你今天要去踢球。是吧？（我兴高采烈地问，因为打算去看他踢球。）

六月：今天天气有点冷。

我：那你还去吗？

六月：我们的对手人不太够。

我：那你还计划去么？（请自行脑补我头上的三条黑线。）

六月：人数问题倒还不大，主要是场地还不确定。

我：那你今天到底去不去踢球？（我努力压制住体内的洪荒之力。）

六月：去啊。

我：……

上面的对话中，我朋友没有先告诉我他去还是不去，因而当他说天气冷的时候，我的推理就是他不去踢球了，可经过几轮对话，他竟告诉我他还是去的。想一想你有没有过类似的经历呢？

再举个例子：

上周末，我和好友小黄吃饭聊天。她谈到最近很郁闷，因为被领导批评了。事情是这样的：她在工作中遇到了比较纠结的问题，准备向领导请教，但是她并没有直接告诉领导需要领导做什么，而是说"我接到的任务情况是……可是做着做着我觉得按照这样我做不下去了，不知道……"没等她讲完，领导便说了一句"你觉得你能做好什么"便走开了。其实，我朋友不是不能做好这份工作，只是想要领导拿个主意，到底采用哪一套标准。但因为表达不清楚，被领导无情地批评了。

像我朋友说的这种情况在职场上是普遍存在的。下级向领导汇报，不先说结论而说细节，你本来想讲 A 事件的，结果领导理解成你想说 B 事件，没等你将结论说出来，领导就批了你一顿。这时，你就是哑巴吃黄连有苦说不出了！因为你不能当场说领导错了呀！（小提示：如果真的发生这种情况，最好不要做过多解释，因为老板的成见一旦形成，你任何事后的解释都是掩饰，反而会给老板留下更不好的印象。）

人的大脑很难在同一时间内记住大量的内容。如果不先讲结论而讲细节，就意味着需要对方全神贯注地听你讲的每一个字，而且要不停地在脑海中对你表达的内容进行总结归纳，最后在短时间内将重点提炼出来，这对 99% 以上的人而言都是不太容易做到的事。若你先讲结论，那么即使对方在交流或阅读过程中稍微走神了，也能轻松地理解你想表达的意思。

工作中的很多场合，你都不会有足够的时间去阐述内容，而且面对的层级越高，留给你的时间越少。

加班到深夜的谭小明与董事长在电梯里偶遇，本是个千载难逢的给董事长留下深刻印象的绝佳机会，但接近 30 秒的"电梯之旅"，他连一个项目背景都没来得及介绍完，董事长就下电梯走了，更别说给董事长留下深刻印象了。这就是美国著名咨询公司麦肯锡提出"30 秒电梯法则"的出发点，他要求自己的顾问要在最短的时间内（比如坐电梯的 30 秒）向客户高层把结果表达清楚。其实如果你不能在 30 秒内将你要表达的内容说清楚，那么别人要么听不懂，要么最后理解的意思与你想表达的不一致。

怎样才能做到结论先行

相信现在你已经认识到结论先行的必要性和重要性了。那么，到底怎样才能做到结论先行呢？做好以下两点就行。

将表达内容构建成"金字塔"状

结论先行的表达结构呈金字塔形。以我们 YouCore 某顾问的项目年终总结为例（见图 3-1）：

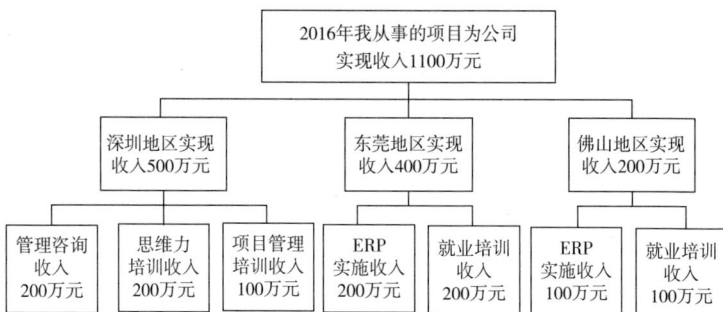

图 3-1 金字塔结构

掌握"金字塔"表达结构，要记住两点。

观点先行。在对外表达之前，你要在脑海中对内容进行归纳总结，提炼主要的观点，把它们作为金字塔顶层的起点，并用作提纲挈领的一句话。图 3-1 中"2016 年我从事的项目为公司实现收入1100 万元"，明确了表达的重点，给受众一个统领性的认识。

按照从左往右、自上而下的顺序依序说明。观点提炼出来以后，如果清楚了第一层的论点 / 论据，就可以直接按照从左至右的顺序依次表达。如果第一层的论点需要进一步论述，可以分解到第二层，按照自上而下的顺序表述。以图 3-1 为例，需要对顶层观点"2016 年我从事的项目为公司实现收入 1100 万元"进行说明。

首先，从金字塔第二层最左边的深圳地区收入说起，给出明确要点"深圳地区实现收入 500 万元"；其中管理咨询收入 200 万元，思维力培训收入 200 万元，项目管理培训收入 100 万元。

其次，介绍金字塔第二层东莞地区收入。给出明确要点"东莞地区实现收入 400 万元"；其中 ERP 实施收入 200 万元，就业培训收入 200 万元。

最后，介绍金字塔第二层最右边佛山地区收入。给出明确要点"佛山地区实现收入 200 万元"；其中 ERP 实施收入 100 万元，就业培训收入 100 万元。

小提示：

• 口头表达时，建议最多不超过两层，否则听众难以记住。

• 书面表达时，金字塔可根据需要尽量细分。比如管理咨询收入 200 万元包括 A 项目 100 万元和 B 项目 100 万元。（具体细分至第几层主要取决于两个因素：细分项是否可衡量，你要表达内容的详略程度。）

找到适合你的练习方法

每个人因为背景、个性的不同，对同一理论的最佳练习方法也会有所不同。我举几个常用的练习方法供你参考。

第一个，把"结论先行"四个字写下来，贴在你的办公桌最显眼的地方，提醒自己写作和讲话时要应用。与人沟通时，强迫自己以"我想表达的是、我的结论／观点／想法／问题是……"开头来练习。

回到前面的两个例子：

我和六月的对话。他完全可以直接回答我："我的想法是去。尽管天气冷、人数不够……"

好友小黄和领导的对话。小黄可以说："领导，我想表达的是原来的标准不太合适，因为……按照当前的情况，采用新的标准更合适，因为……您能给个建议吗？"

第二个，写报告、文案时，在正式写之前，用逻辑树（思路清晰的情况下）或思维导图（思路尚不清楚的情况下）构建自己的表达框架。将"结论先行"与"讲三点"结合起来应用更具有逻辑性。

让我们回顾一下上一篇文章中小白的汇报，将两个技巧结合应用表达如下："经理，通过调研我们发现：客户的采购管理流程不规范，主要存在以下三个具体问题：采购申请没有分级授权审批，无论采购量大小，都不经过总经理审批；采购入库不做记录；办公用品领用不做登记。"

现在知道如何让你的领导知道你多么努力了吧？方法很简单：用结论先行去表达！而要做到结论先行，需要大家记住两点：采用"金字塔"表达结构，观点先行，从左往右、自上而下依序说明；找到合适自己的练习方法。

在此我要啰唆一句：想真正提升自己的表达能力，就需要多多刻意练习以养成习惯直至形成本能，否则只能是知识存放地点转移（从"我的文章"转移到"你的收藏"），而不是能力转移。

　　实际上，结论先行就是运用框架来思考，进行文字和语言表达的过程。运用框架的能力直接决定了我们思考、表达和学习能力的高低，这也是我不断强调一定要具备构建框架能力的原因所在。

会写工作总结的人，更容易升职加薪

文 / 王世民

为什么会写工作总结的人更容易升职加薪

上周末，老家一个邻居家的孩子来找我说要离职，问我应该找个啥样的公司合适。我问他为何要离职，他说不喜欢现在这个公司的文化。他和另一个同事同时做一个项目，自己加的班、做的事都比同事多，结果项目结束后，领导没提拔他，却将同事提升为主管了。

"他有什么呀？不就是比我会写报告嘛！不想待在这种眼瞎的公司了。"他愤愤不平地说。

他一眼就看到了同事升职的关键点——会写报告，却对此不屑一顾，认为相较自己踏实做事的风格，这是一种欺骗讨巧的伎俩。

不过与他的认知相悖的是，无论是号称管理成熟的跨国外企，还是讲究传统智慧的大型国企，乃至吸引"90后"趋之如鹜的新生互联网企业，似乎都是会写工作总结的人升职加薪的机会更多一些。

更能入老板的法眼

假设你是皇帝（女同胞们将自己想成武则天就行啦），看到一个将领的作战总结报告是"屡战屡败"，是会下旨嘉奖他呢，还是更想砍了他？如果他给你的作战总结报告改成"屡败屡战"，你是不是会嘉奖他的勇气呢？这就是一份工作总结报告的价值。同样的工作内容，以不同的角度或不同的形式呈现，老板给你的评价可能是天壤之别。

在如今的公司组织形态下，绝大多数公司的员工都遍布全国甚至遍布全球了。假设你是一名与下属不在同一个城市办公的部门经理，老板要你从20名下属中提拔1名主管，你会如何评价筛选呢？总不会给各个办公室都装个摄像头，成天蹲守在屏幕前观察每一位员工的表现吧。

你最可行的（不一定是最科学的）方法只能是看大家提交的各类报告了，特别是总结报告。从总结报告中，你既能看到候选人的成绩，又能看到候选人是否思路清晰、是否有进取心。业绩、学历、经验等量化指标差不多的几个人，工作总结报告写得更出色的那位在你这儿更容易脱颖而出。懂了这个道理，就能理解为何大型跨国企业中"坐火箭"的总是那些总结报告写得很牛的人了，因为远在大洋彼岸的老板对员工的最主要印象就来自这些总结报告。

善于工作总结的人进步总是会快些

人的学习进步主要来自刻意的锻炼，而非无意识的重复。怎么理解这个概念呢？你观察下自己，讲了几十年话是否依然带有家乡口音。如果你去参加一个正规的播音培训，3～6个月就可以讲一口几乎不带任何家乡口音的标准普通话了。（可以扮个主持人出来走穴创收了。）

同理，我们在工作中的主要进步也来自于刻意锻炼，10年无意识的重复工作所积累的经验绝对比不上两年刻意锻炼所积累的经验。如何才能做到刻意锻炼呢？分享一个YouCore内部推行的ORPD（观察—反思—计划—执行）模式：观察自己或他人在工作中的表现，反思下自己在哪些地方值得改正或提升，制订出行动计划，并在下一次工作中执行实践。ORPD其实是一个很可怕的模型，经过一段时间的实践，你的进步可能会吓到自己。

工作总结其实就是最佳的ORPD模式之一：在一份合格的工作总结中，你需要将自己的阶段表现（年/月/周/日）提炼出来（观察），针对你的表现分析出问题和不足（反思），针对问题和不足提出改进的措施（计划），并要求自己在下一次工作中尽快实践验证（执行）。一份能真正打动老板的年终总结，没有每周、每日的总结锻炼是绝对写不出来的，因此能写出让人惊艳的工作总结的人，一般情况下已经在不自觉地应用ORPD模式提升自己，进步自然也远远大于一般人。（所以，不要总觉得别人的加薪升职仅是因为一份工作总结，其实人家在你看不见的时候已经将内功修炼好了。）

因此，从以上两点来看，无论是从打动老板角度，还是从真正提升自我角度，会写工作总结报告的人在职场晋升上都会更胜一筹。

如何输出一份打动老板的工作报告

充分认识到工作总结的重要性后，该如何输出一份让人惊艳的工作总结呢？"一要、二套、三升、四填"四步帮你轻松搞定。

要界定问题

第一步要先界定问题，未界定清楚问题就急忙动手写工作总结，就像你准备坐火车去北京，结果急吼吼地赶到火车站却跳上了第一班去海南的火车，只能是南辕北辙、欲速则不达。因此动手写工作总结之前，首先要界定清楚这次工作报告是在什么场合，面向谁，准备达成什么目的。

第一，"场合"决定了工作总结报告的形式。

假定是部门内部的工作总结，那你用脚踏实地的 Word 格式可能就比高大上的 PPT 格式要好；但若是全公司的工作业绩评估还要答辩，那么你就得把自己的工作重点概括成锋利如刀刃的 PPT 了。

第二，"面向谁"决定了工作总结的详细程度。

昨天中午和创始人吃过午饭回来后，恰好碰到公司新来的市场专员，创始人问："小文，最近工作进展怎么样呀？"接着，我就在一旁听这位小伙子非常可爱认真地描述他今天上午是如何和一个客户进行对话的。

职场中，即使是日常对话也要分清楚对方想要了解的到底是什么，更别说书面的工作总结报告了。跟总裁汇报和跟直属部门经理汇报，工作总结的详细程度明显不一样。给总裁的版本要抓大放小，强调要点即可；而给直属部门经理的报告除要点外，一定得有具体的成果和数据的佐证。

第三，"达成目的"决定了工作总结的论调。

工作总结是否具有明确的目的导向，是成败的关键衡量标准。内容再丰富，数据再齐备，逻辑再清晰，假如你本想跟上司要资源，结果在工作总结中对成绩一通吹嘘，你觉得上司会给你配资源吗？或者你本想跟老板展示成绩谋求升职的，结果在工作总结中拼命强调工作中遇到的问题和不足，你认为老板会给你晋升机会吗？

套一个好框架

界定清楚工作总结的场合、面向对象和达成目的后，自上而下地套用一个契合的框架是效率最高的方法（假如你喜欢抬杠，硬要自己自下而上地琢磨提炼一个框架出来，在时间充沛能力足够的情况下也是可以的）。一个好的工作总结框架必须符合一定的逻辑顺序，同时能够更好地实现工作总结的目的（见图3-2）。

假如要书面向直属部门经理详细汇报上一年的工作情况，最好采用时间顺序，如"前期3个月课程研发—中间6个月项目工作—最后3个月教学工作"。

```
• 时间顺序
• 结构顺序
• 重要性顺序
• 演绎顺序
```

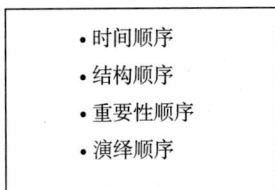

图 3-2　四大逻辑结构顺序

或者这次工作总结是要在 15 分钟内向总裁汇报取得的成绩，最好采用重要性顺序，比如"对公司的三大价值创造—对个人的三大能力提升"，以凸显最主要的成果。

如果不是用 15 分钟时间汇报而是用 1 个小时汇报，那么最好采用结构顺序从总裁关注角度全面汇报成绩，如根据平衡计分卡的四大指标体系，按"客户开拓篇—财务增长篇—内部运营篇—学习成长篇"的结构顺序来呈现。

万一要跟上级争取更多资源或表达个人进取心，那么采用"主要成绩及不足—原因及对策—规划展望"的演绎顺序更为合适。

你看，汇报场合、面向对象和达成目标往往已经决定了工作总结该按照什么样的逻辑脉络来写。

升华工作价值

工作总结的框架确定后，就要真刀真枪地往里面加载内容了。这时切记最容易犯的错误就是只谈事实、记流水账，而不深挖所做工作对公司的价值以做升华，80% 的勤奋者都是死在了这一步，也就是所谓的用战术的勤奋掩盖战略的懒惰。那么怎么才能升华工作价值呢？简单的两个小技巧就能轻易实现。

第一，将自己的工作和公司的全局工作联系起来。

工作总结上写出"今年新签了三个东北的大客户"很简单，因为这是最基本的事实，但真正会思考的同事则会这样描述："今年积极贯彻公司开拓东北市场的策略，新签了三个东北的大客户"，完成同样的工作内容，你觉得老板看到哪句话会认为你更有大局观、工作更有成效呢？

第二，将自己的工作价值和公司的战略关联起来。

同样是上面的工作内容，假若再进一步，修改为："今年积极贯彻公司开拓东北市场的策略，新签了三个东北的大客户，有力地支撑了公司北上南下的战略"，非常清晰地关联起自己的工作价值和公司的战略计划，老板是不是认为你的工作更有价值了呢？

填充有价值的工作内容

工作价值升华后，最后就是填充细节内容了。以上三步都做完后，就是纯粹体力活了。注意以下三点，就能输出一份90分左右的工作总结了。

第一点，只填充能证明工作价值的内容。

一定要舍得删减，只强调有价值的内容，不要将做过的事情一股脑地都往里面装。填充过多内容，一来老板记不住，二来反而冲淡了重点工作。

第二点，多拿数字证明。

同样是表示自己举办的活动获得极高的满意度，"同事们都赞不绝口"和"活动后的问卷反馈显示满意度高达 9.89（满分为 10）"，你觉得哪一个更有说服力和可信度呢？

第三点，多做场景化说明。

无法量化或不适合量化的内容，多做场景化说明：举例或引用他人反馈。比如怎么才能证明自己将客户关系维护得很好呢？可以举例说公司今年周年庆的时候，有客户专门从外地赶过来祝贺。

一份好的工作总结不仅可以让老板更全面地看到你的出类拔萃，也是让自己不断反思、总结、提升的过程。

还在追求完美主义吗？别傻了！

文 / 刘艳艳

你所追求的"完美"，把自己变成了什么

上周四晚上吃饭的时候，闺蜜 Amy 跟我诉苦："我要崩溃了！领导让我做 PPT，我在纠结目录要怎么设置，可一天过去了，还是不知道要怎么改才好。横着不顺眼，竖着也不好看；列表式太单调，循环式又不太合逻辑……真不想干了！"

端午节前去客户那儿做项目，午饭时听客户闲聊，得知：他们内部的工作汇报，哪个部门的 PPT 外观做得最好，这个部门就要被砍掉一个人！

这不由得让我好好思考由 PPT 这件"小事"引发的两个截然

不同的观念的缘由了。

我闺蜜的做法是为了追求完美，而客户公司更注重高效。我身边很多像我闺蜜这样的人，从表面上看这种追求完美的特质应给予极大的赞美。实际上，与花费80%的精力，只为追求20%甚至不到10%的效果相比，实在是对资源极大的浪费。

哈佛大学的泰·本博士对"完美主义"下的定义是：一种充斥在我们生活中的对失败的失能性恐惧。这种恐惧使得我们在心理上屡屡受挫，最终面对现实只有认输；而在行动中拘于小节，进程缓慢。

"完美"导致心理上的挫败和抑郁

追求完美的你到医院看病，进门就会对医生说："大夫呀，我全身上下都难受。"实际上，你只是最近没有休息好，肝火旺盛了些。医生做了详细检查后，问："如果有一种神奇的力量，可以换一下自己的器官，你想先换掉哪一个？"你叹了口气，说："大夫，我的心、肺、肝、胆、脾、肾没有一处是好的，全换掉吧。"

你总是把1%的不完美归结成99%的失败。刚开始在行动中拼着不服输，用不罢休的劲头一路向前，隔不了多久，不完美此起彼伏地出现。一旦某项事情没有按心中的期望完成，便会产生自卑、受挫的心理，害怕自己做得不够完美，担心失去他人的认可。慢慢地，也就产生了倦怠感。加之，手上总有太多的理想目标和完备计划，日积月累的倦怠感让你整天生活在挫败和抑郁中，无法自拔。

对 Amy 来讲，其实她很想把这件事做好，可是在做的过程中发现自己不能如预期一样做得完美，便产生了焦虑、心理的挫败感，觉得自己无法胜任这个岗位，这点事情都干不好，还能做什么更重要的事情？

"完美"导致行动上的拖延和逃避

追求完美的你内心深处一直有个声音在说：只要我不去做，就不会面对不完美的结果。就像我的闺蜜，因为一个 PPT 做得不好，竟然有了离职的想法。你有没有想过，在你因为拖延或逃避把自己和事情搞得一团糟时，怎么可能还是完美主义？

在一次工作例会上，同事小黑被老板"骂"了。因为领导让他那天交策划方案，他交不出来。理由是他在选择发布渠道时纠结了好久，怎么写都觉得不好，又没查到合适的素材，干脆就没写。他还特别委屈地解释自己已经提前一天准备了，然后他的不故意导致公司的产品推广拖延了整整一周。

3P 模型帮你摆脱完美主义症候

完美主义的根源，是幼儿式的二分法思维模式，也就是"要么全有，要么全无"的极端思维。心理学家阿瑟·帕克特说："对于完美主义者来说，连续统一体上只存在两极，他们无法意识到还有一个中间地带。"

"如果不能做到最好，那我就不做了。"——完美主义者总是这么赌气。那么还有得治吗？当然有！

Permission（允许），接受现实，正确看待完美主义

完美主义者的思维方式更多的是在我们生长的社会环境中潜移默化地形成的，而这并不是我们的错。

当我们学会走路时，当我们拿到了满分时，当我们荣获了奖项时，我们会听到什么呢？

——太棒了！

——你做得好。

我们很少会因为过程中付出的辛苦而被奖励。长此以往，我们盯着最终结果的好与坏，却不知最终的好是由一点点的好慢慢叠加而成的。近些年，因为自由的教育模式被更多人认识到，这方面已有一定改观，但是因为习惯，我们仍不可避免地成为施暴者和受害者。

完美主义，只能是一个乌托邦式的假想，而我们需要识别完美主义的假象。

Positive（正向的），走出挫败和抑郁，步子往前迈

很多人以"完美主义者"自居，认为这是自己追求专业的一种体现。其实不然，完美主义与专业精神两者之间最大的差别就是你是否愿意基于现状，盯紧目标继续往前。完美主义并不是我们在工作中追求的目标导向，只要有 1% 的不完美，完美主义者就停滞不前了。

对于完美主义者来说，几乎没有任何进步和收获能持续地提供激动人心的满足，因而也就不可能在他们身上发现激动人心的自我激励。所以，在意识到完美是一种虚幻的假设后，我们要做的就是，放低自己的初步期待值，积极从已有行动中汲取下一步行动的能量。

我第一次写作时，觉得太过艰难，迟迟不肯动笔，拖了一个月之久都不愿意开始写。最后，王老师让我不管好坏，先写出最差的大白话交上来。我照着做了，竟然发现自己写得还不算太差，起码结构还是十分清晰的，润色过内容后也收到不少好评。当然，初稿和终稿还是有差距的，但这给了我不少的鼓励。

Perspective（视角），转换视角，探究问题本质

第三个 P 是前面两个 P 的升华。它不仅可以帮助我们克服因完美主义带来的心理和行动上的问题，而且能够更高效地解决问题。我们使用加布里埃尔·厄廷根提出的心理对比 WOOP 模型来转换视角，探究问题本质：设定一个内心的愿望（Wish），如果完成最好的结果（Outcome）是什么，在实现愿望过程中遇到的障碍（Obstacle）是什么，为了克服障碍，你计划（Plan）怎么做。值得注意的是，你在转换视角的过程中不是毫无逻辑地浮想联翩，而是要界定问题，探究本质。

我们利用 WOOP 模型来解决朋友 Amy 的问题：

Wish：她希望能够在今天下班之前把做好的 PPT 交给领导，

并得到领导的认可。

Outcome：如果完成了，最好的结果是领导认可了她的工作；而且自己可以利用下班后的时间做其他让自己能力提升或放松心情的事情。这简直是一举两得。

Obstacle：在实现愿望的过程中，她最担心发生的障碍是自己会反复纠结于PPT的格式，A、B、C……多种版本。经过深层次分析，她会发现无论哪个版本都是自己给自己设定的限制，而不是从领导的需求出发。

Plan：一旦她又纠结PPT的格式，就会想：花费太多时间在PPT的外观格式上，在领导看来这可能是一件多么浪费时间的事情，不会得到认可不说，反而会因为效率低而受到批评（我想客户公司为PPT制定的"砍人规则"也是基于此吧）。

按这样视角去思考问题，探究问题本质，是不是你的完美主义病就得到医治了呢？

还在追求完美主义吗？别傻了！这世界根本就不存在完美，你所认为的完美其实是一种假象。相反，完美主义会让我们在心理上屡屡受挫，在行动中拘于小节，罔顾大局。

大卫·芬奇的经典影片《搏击俱乐部》中就有这么一句台词：不要让自己什么都有，不要让自己十全十美，兵来将挡水来土掩就够了。

不做老好人，三步打造有效人脉关系

文 / 谭晶美

"好人"并没有好人脉

自小我们被教育要成为好人，觉得好人就应当拥有好资源。直到大三实习时碰到的一件事，彻底改变了我对好人的看法。

我在一家颇具威名的行业协会实习，这家协会经常会组织行业内精英们聚在一起办个沙龙或者做个培训的工作坊等。Brenda 所在的公司是这家行业协会的会员。Brenda 本人十分热心肠，当时已经做到了中层管理级别，而且不管对上司还是下属永远都是热心相待，包括对我们这批算是打杂的实习生。我们这帮小女生也经常私下说以后一定要像 Brenda 一样，在职场上做到人人称赞才好。

这天又是培训工作坊。茶歇时，恰巧听到几个人聊起了 Brenda。其中一个总监说，听说 S 公司的升职人员中没有 Brenda。话音还未落，另外一位接着说，如果是我，可能也不会提升她。周围的其他几位则默默点头。

我震惊极了！虽然不太清楚他们具体的工作情况，但我可是亲眼见过这几位经常当面夸奖或者感谢 Brenda 的呀，而 Brenda 也总是忙前忙后，经常帮助他们。这也是我第一次觉得：或许，当个好人并没什么用。

后来自己进入职场，同样踩过很多坑。不想只被人贴"好人"的标签，但是为了在职场上积攒好的人脉，一直在做着老好人的事，让自己陷入了一个假的老好人的坑。慢慢摸索后，发现很多人对人缘、人脉的理解根本就错了！

善良本身并没有错，但有效的人脉关系是要看你能否将其转化成组织他人行动的能力。

如何将人脉转化成他人的行动

既然有效人脉最终要转化成他人的行动，那我们讨论的主题就可以换成：我们该如何通过关系构建，给别人一个行动起来帮助我们的理由。

别人有什么理由来帮助我们呢？一般来说，人与人之间的互助关系会经历三个阶段：感性的单向冲动、理性的互惠关系和健康的价值流动。

第一阶段：感性的单向冲动

会有人平白无故地帮助人吗？当然有。而且大多数时候人脉建立的第一步就是感性的：对我没好处，我就是纯粹地想帮帮你！

这种情况经常发生在你有某个特性能够吸引到对方时，比如说你有能力。很多大佬喜欢帮助年轻人，并不是因为他们指望从中得到什么实实在在的好处，而是觉得你的能力值得被帮助；而很多更年轻的小辈也愿意为自己眼中的前辈尽些绵力，某个公众号的大V发条请求信息，可能马上一众粉丝蜂拥而上。

再比如说你有颜值。高颜值其实也是一个非常占有优势的特性，要不然读书的时候，为什么有校花在的宿舍，换宿舍时来帮忙的男同学总是特别多呢？在这个阶段，应该通过什么方法，促进他人行动？

想办法提升个人能力，通过合适的方式外显出来，让别人觉得你是一个值得帮的人。

公开个人需求。单向冲动阶段是由感性引发的，关键在于有一方主动迈出第一步。如果你作为这段关系的请求方，首先应主动公开自己的需求，这样才会有人施以援手。

以上只是开了个头，都还只是非常浮浅的关系，而且充满了不确定性。如果没有进一步加深联结，对人脉关系搭建的帮助其实并不大。

第二阶段：理性的互惠关系

单向冲动后，如果另外一方也有所表示，接下来就极有可能进入第二个阶段：理性的互惠关系。

当然，还存在另外一种可能：其中一方本就是冲着互惠关系才主动建立的联系，也就是说，这段人脉关系建立直接跨过了第一阶段的感性冲动期，这种情况常见于商业行为。而我们日常生活中的关系构建，大多源于别人无利益相关的搭把手（要相信，这个世界还是很美好的）。

这个阶段的礼尚往来其实考虑的是投入产出比。具体应用场景可能是，你之前帮过我，这次换我来帮你；还可能是，这次我帮你，寄望于下次你可以帮帮我。在这个阶段，应该通过什么方法，促进他人行动？

作为主动帮助方，你要在承受范围内放低自己的回报预期。在这一阶段，人人追求的都是低投入、高产出。如果一味地斤斤计较，要求别人一定提供等值甚至更高质量的帮助，那么这段关系就很难有进一步的发展。

值得一提的是，放低自己的预期并不是没有预期，双方必须都有独立的掌控权，这样才能避免一方落入老好人的怪圈。

作为接收方，你要避免一味地索取。理性的互惠关系，需要的是近似值互换。在对方主动提出或者给予帮助时，如果不能及时地给予等值回应，要记得至少真诚地说声"谢谢"。

第三阶段：健康的价值流动

第二阶段中的互惠关系可以说是一次完整的博弈过程，之所以说博弈，是因为主动付出后的回报概率往往是不可控的。如果在多次博弈后，双方已经有意无意地确认了对方的回报概率，找到了博弈的平衡点，并且能够坦然接受这种稳定的互惠关系，也就是已经建立起了健康的价值流动。就比如，我们和自己非常要好的朋友之间，你来我往时往往不需要任何思量，就会充分信任彼此，这是因为我们在试探性找朋友的交流期间，已经验证了对方的回报概率。

在这个阶段，应该通过什么方法，促进他人行动？拥有更多的利益共同体。好的人际关系得来不易，保证双方有更多的利益共同体才能长久维持这种优质的人脉关系。比如互联网时代一个很好的行动方式是，时不时地进行资源共享。

老好人错在哪儿了

我们回过头来看最开始的问题，发现很多时候老好人的人脉关系只达到了最浅的第一步。"对谁都好，什么事情都可以"，老好人的这种不选择性，很多时候让别人误以为他们是因为没有选择权，才一味给予的。比如我们身边最亲近的父母，他们好像没有任何理由对别人家的孩子好过我们，所以我们会习惯性地以为他们对我们的好是理所应当的。

而这种最开始的不平等关系让老好人失去了人脉关系进一步向

前发展的机会，甚至走不到"理性的互惠关系"这一步，因为他们没有这场价值博弈的掌控权。

　　好人们有没有可能以一己之力建立起健康的价值流动呢？也有的，就是一方完全给予，丝毫不在意另外一方是否给予反馈。那这类人就不是为了构建人脉关系，而是纯粹地服务他人。我们都知道，有多少人是心甘情愿、没有缘由、持续地帮助任何人呢？

　　"好人"都会有好人脉吗？并不是。有效的人脉关系要看你能否具备将其转化成组织他人行动的能力。

面对超强度的压力，我该怎么办

文 / 刘艳艳

压力产生的根源

我最近遇到了很大压力，就在我写这篇文章的时候。一方面，我迫切希望自己的写作能力有所突破，忙于吸收更多优质意见；另一方面，身边的人又给我提供了太多反馈，让我疲于理解应对。我的内心长时间处于挣扎状态，白天想尽办法拖延，晚上压力仍不请自来。当然，第一稿没有通过审核。

反反复复，在我修改了三稿，仿佛历经千疮百孔后，终于找到了能够指引我的明灯，说起来，这道理很简单——以终为始。

什么是压力

心理学家伊安·罗伯森（Ian Robertson）给出了一个解释：压力是人们在面对自己不熟悉的情境时所产生的一种应激反应。我们以更浅显的方式解读一下。

不熟悉的情境一般指我们遇到的问题，比如学习、工作、生活中遇到了难题，一时不知道该怎样解决。应激反应则是我们面对难题不知道如何处理时，产生的无助、焦虑、烦躁、哭泣等。

压力是怎么来的

当我们感受到压力时，一般是同时发生了下面的情况：

第一，发生威胁目标实现的情况。以我写文章为例，我的目标是写出符合 YouCore 发文标准的"价值点新颖、可读性强"的文章。可是我改了几遍的稿子被编辑退回来了，我要实现的这个目标受到了威胁。

第二，不具备解决威胁的资源和能力。同事、朋友虽然给我提了意见，可终究是意见，我仍然不知道该如何修改。我不能找他人代笔，自己又无法在有限的时间内快速把文章修改出来，这就是不具备解决威胁的资源和能力。

面对压力，我们该怎么做？

在明白了压力的来源后，我们就会发现：人只要活着，就会遇到各种各样的压力。就像有人建议我每天跑步来释放压力，我跑了几天，发现坚持每天跑步成了我更大的压力。因为我根本达不到每天跑步的目标！

也许你还会发现：自己就是在压力下解决了一个又一个问题才成长起来的，只不过压力有时小、有时大。然而，不同的人所能承受的压力大小和面对方式也不尽相同。有些人可以承受较大压力，有些人不敢去承受压力。面对压力，有些人会选择积极面对，有些人会选择消极逃避。

很显然，面对压力，消极逃避是最简洁高效的办法。然而，在我们放弃解决问题的同时，也阻碍了自己的成长（前提是当下的问题在客观上是有利于个人成长的）。今天我们要解决的是如何积极面对压力，把压力当作朋友，既有利于个人成长，也会减少对身边人的压力。

以终为始，和压力成为朋友

为什么"以终为始"可以帮助我们管理压力

史蒂芬·柯维在《高效能人士的七个习惯》中提到，"以终为始"的意思是先在脑海里酝酿，然后进行实质创造，换句话说，就是想清楚目标，然后努力实现之。以终为始可以帮助我们应对压力，原因有两个。

第一，目标明确是积极面对压力的前提。很多人在遇到压力时选择逃避，甚至是放弃生命，往往是因为没有目标、目标不清晰或目标好高骛远，因为他们没有努力的动力，看不到努力之后的希望。

电视剧《我的前半生》中的罗子君一想到离婚，就觉得生无所望，一下子失去了目标，迷失了方向。当闺蜜唐晶给她分析了之后，她明确了自己的目标是找到一份工作养活自己和儿子，这才为以后成功争夺儿子的抚养权奠定了基础。

第二，全力以赴是解决压力问题的保证。我们感受到压力是因为遇到了难题，而要解决难题，全力以赴是最佳保障。当难题解决了，因压力产生的焦虑、痛苦的无力感也会随之减少。

如何做到以终为始

首先，明确自己的目标。

明确目标意味着着手做任何一件事都要先认清方向。这样不但可对目前所处的状况理解得更透彻，在追求目标的过程中，也不致误入歧途，白费功夫。

压力的产生首先来源于我们在追求目标的过程中受到了威胁。所以当我们觉得压力大到喘不过气的时候，停下来想想，先问问自己：

我的目标是什么？

我正在做的事与目标是否一致？

其次，认清自己的问题。

如果我们脑子里充斥着各种乱七八糟的"假设的可能性"，只会掩盖事情的真相。而在看不清事情真相的情况下，我们花在焦虑上的时间和精力，远比花在成功完成某项任务上的时间和精力多得多。

停下来问问自己：

我遇到的问题到底是什么？

如果这个问题得不到解决，结果是不是我能接受的？

再次，评估现有资源和能力。

如果我们无法接受问题得不到解决的后果，就更应该停下来系统地思考：

我现有的、可获取的资源有哪些？

我现有的能力水平如何？有限时间内是否可提升？

凭借现有资源和能力实现目标的可能性有多大？

通过上面的提问是为了告诉自己是否遗漏了问题的解决办法，只有所有的资源和能力都尝试过了才能确定是否选择放弃。

最后，全力以赴实现目标。

要做到全力以赴的确很难，因为我们懂得的道理很多，却不愿意尝试。发生在自己身上的事无法做到任何情况下都能够客观地看待、积极地解决。所以才更要克服自己的主观心态，停下来问问自己：我是否全力以赴尝试了所有可用的资源、能力或方法？

其实，要做到全力以赴既需要良好的心态，又需要很强的执行力，二者缺一不可。要做到高效执行则需要根据他人为我们提供的资源和指导，以及自己在现有资源下靠能力去不断尝试。

当你发现你真的做到了全力以赴时，至少可以解决 80% 以上的问题，就不会因为压力而感到焦虑、痛苦了。

托夫勒在《未来的冲击》中曾经提到过，未来的社会是高度变化性的社会，一切都存在着短暂性、新奇性，而我们每个个体都会感受到巨大的压力。所以，你感受到的压力在大多数情况下都是正常的反应。

压力来了，你就怕了？你有的是还没被发掘的潜力，而潜力的开发很大程度靠的就是压力。所以我们要把压力当作朋友，积极面对它，拥抱它，并做到以终为始。

请将你的能力长成一棵树，
而不是一片草

请将你的能力长成一棵树，而不是一片草

文 / 王世民

放任能力长成草丛的危害

我太太有位大学同学，非常非常非常努力（请原谅我使用了三个"非常"，因为不如此的话，实在无法表达出她努力的程度）。

念大学的时候就考了两个本科学位：一是法律，一是经济，还是两所不同学校的。其代价就是在学校里多待了一年，所以我太太毕业后基本就不了解她的情况了。在微信朋友圈逐渐火起来之后，这位同学的动态就开始夹杂在太太跟我分享的八卦中了。

"我那个同学又考了证券从业资格证了！"

"我那个同学这周六又去参加口才培训了，周日还要去参加国家心理咨询师考证培训。她怎么还那么爱学习呢？"

"我那个同学今天又去听一个什么台湾法师的课了，还分享了一篇南怀瑾的文章。"

一句话总结就是：这位学霸每个周末不是在学习，就是在去学习的路上。

不过最近一次我太太又跟我八卦她同学考了什么人力资源师认证时，我脱口问了一句："你同学在公司是不是连个小部门的经理都不是啊？"

她愣了一下，想了一会儿跟我说："哎，你这么一说，还真是。她今年8月有发一条朋友圈，说手下管的两个大学毕业生多么不爱学习，她挺恨铁不成钢的。如果只管两个大学毕业生的话，应该没到部门经理级别吧。你是怎么知道的呢？"

"因为她的能力树没形成，基本没构建出自己的能力……"

"怎么会？"没等我说完，太太就打断了我，"她考了很多证，有会计证，有人力资源管理师证，有证券从业资格证，有心理咨询师证；又经常听很多公开课，口才啊、演讲啊、创业啊等等，很多能力啊。"

"这不是能力树，是能力草丛吧。"不知为何，当时我脑海里冒出了一张杂草丛生的图片。

为何这么想呢？因为她在同一时间段里学习的东西没有一根应用的主线，感觉就是乱草丛，到处都有一点，但没有方向或趋势。

看似学了很多东西，实际上作用有限，这也是我判断她职位不高的原因。

能力树首先有个主干——这个主干是能力应用的方向或领域，通常是某个职位或角色——因此后续所有的能力积累和应用都是围绕这个主干延展出来的。而能力草丛不是以应用为导向的，因此没有一个共同方向或领域，导致能力的积累是盲目且零散的。

没有了应用导向，知识学习和技能打造就变得随机，看到别人学什么就跟着学什么。特别是一些盲目努力的人，越努力其能力草丛就越杂乱，成为典型的"万金油"或"书呆子"。不以应用为导向的能力草丛其实对你的整体能力几乎是无益的，它会导致几种后果。

第一，个人整体能力积累低效，甚至无效

心理学对能力的定义是"完成一项目标或者任务所体现出来的心理特征"。从这个定义可以看出，知识或技能若不能用于实际中完成目标或任务，则意味着其无法被转化为能力。因此，知识或技能的学习方向与实际应用所需方向偏离的话，个人能力积累的速度就会放缓，方向偏离过大的话对个人整体能力的提升甚至会毫无帮助。

《庄子·列御寇》中有一个典故："朱泙漫学屠龙于支离益，殚千金之家，三年技成而无所用其巧。"意思是说，有个叫朱泙漫的人，耗巨资跟着支离益学习杀龙技术，整整花了三年学成，却没有

龙可以让他杀。

不以应用为导向而学习的知识或技能就是现代的"屠龙术"，对能力积累无益，徒费时间精力！能力草丛中的绝大多数能力都是通过应激式学习（考证或应付某个突发工作）积累的，与个人整体能力应用方向偏差很大，因此对个人能力积累的作用就非常有限。就像我太太的同学，做着会计工作，考了"证券从业资格证""人力资源管理师证"，但在工作中全无用武之地，考取的这些证对她个人整体能力的提升几乎没有任何帮助。

第二，永远停留在浅层学习，能力积累深度不足

浅层学习（surface learning）是一种机械式的学习方式，学习者为了完成任务（如考一个认证或通过一门考试）被动地接受学习内容，把信息作为孤立的、不相关的事实来接受和记忆。

与浅层学习相对应的是深度学习（deep learning）。深度学习的研究最早是由两位美国学者费尔伦斯·马顿（Ference Marton）和罗杰·塞尔乔（Roger Saljo）提出来的。1976 年，他们做了一项研究：让学生阅读一份学术方面的文章，并告诉学生读过后会有一个关于这个内容的测验，结果发现学生在阅读学习过程中使用了两种不同的策略。一种策略是试图去理解整篇文章的思想，领会学术内涵，这样的学习被认为是深度学习。另一种策略是记住文章中所提到的一些事实，他们所关注的是接下来的测验会问到文章中的哪些内容，这样的学习被认为是浅层学习。

深度学习要求在理解的基础上，学习者能够批判地学习新思想

和事实，并将它们融入原有的认知结构中，能够在众多思想间进行联系，并能够将已有的知识迁移到新的情境中，做出决策和解决问题的学习。深度学习本意是指学习认知触及事物本质的程度或事物向更高阶段发展的程度。

能力树中的能力是以应用为导向有序积累的，不仅被融入原有的能力结构中，而且会不断在实践应用中提升。而能力草丛中的能力是应激式无序积累的，不但无法与原有能力形成一个整体，也没有应用环境去检验和提升，其结果就只能是一直停留在初级层次上。

像我太太的同学虽然好学，但一大堆初级认证距离触及事物的本质相距很远，同时因为不是以应用导向去学习的，也就没有实践环境将这些初级知识往更高阶段发展，这种浅层学习即使重复一万遍，也很难发展出精深能力。

第三，能力分散，无法形成整体应用

人类社会的初期，社会生产力十分低下，原始人群内部只存在按性别和年龄划分的自然分工，没有社会分工。随着生产力的不断发展，现代分工越来越细，这也意味着现代人的能力越来越分散，每个现代人至少掌握几十到几百种能力。如果不能将各种能力以应用为导向整合为一个整体，这些能力就是一盘散沙，能发挥的价值就很小很小。

职场中有一种"万金油"式人士，掌握的能力很多，基本啥都能干一点。这种"万金油"人士的命运有两种：一种是成长为总经理或独当一面的"地方大员",另一种是停留在打杂的小职员阶段。同为"万金油",他们的区别就在于:总经理型"万金油"的能力是相关联的(一棵树),能综合在一起为某项任务或目标启用;打杂型"万金油"的能力是分散无序的(一棵棵草),只能单个点单个点地启用,无法综合在一起应用。

能力树因为以应用为导向,因此能够将各种能力综合成主干、树枝、叶子,形成一个应用整体;而能力草丛因为缺失同一方向,各种能力之间缺乏关联的纽带,自然也就无法被整合起来统一应用。

还是举我太太同学的例子,如果她是CFO(首席财务官)或以CFO为目标,那么学习证券、人力资源、心理学、演讲等知识和技能都是有用的。可惜的是,她以考证为导向,而非能力应用为导向,导致即使学的是一样的知识,CFO能将这些知识整合为一棵能力树发挥出整体价值,而她的各种初级认证只能是一棵棵杂草,无法对会计工作产生帮助。

能力树到底长啥样

现在我们都知道不能放任自己的能力长成一片草丛,而应该是长成一棵树了。那么,能力树到底长啥样呢?

能力树主要有两类共三种主要的呈现形式。一种是逻辑树状,如图4-1;一种是金字塔树状,如图4-2;一种是直观样式,如

图 4-3。

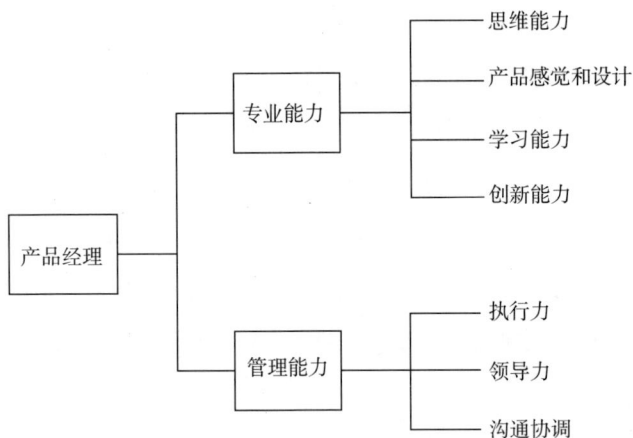

图 4-1 逻辑树状图

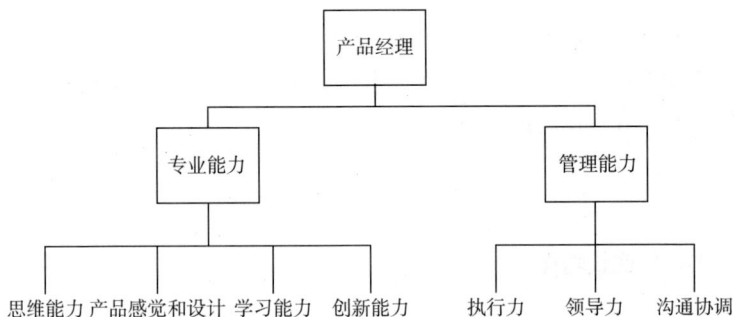

图 4-2 金字塔树状图

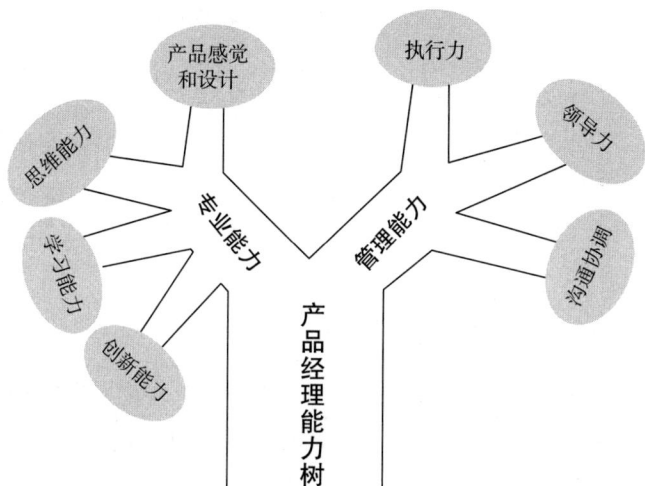

图 4-3　直观树状图

如何应用能力树增强自己的职业竞争力

如何应用能力树增强自己的职业竞争力呢，其实挺简单，跟我三步走，能力树轻松有！

第一步，首先得有个应用目标。

能力树首先要有树干，树干就是回答能力树是用来做什么的。做一个流浪街头的画家与坐在高档写字楼的证券师，这两者能力树的差异还是蛮大的。

有人可能会暂时止步于这一个问题：关键就是我不知道该做

啥啊。若是如此，这个问题就很简单了，挑你目前能想到的最喜欢的工作就行了。至于为什么，有兴趣的人可以翻查下我的知乎回答"如何选择第一份工作"。

第二步，画出个人的能力树。

树干（应用目标）有了后，接下来要做的事就是将这个应用目标所需的能力按树枝和叶子的形式组织起来。

我以管理咨询顾问（这是个相当"万金油"的行业，80% 的职业都可借鉴这个职业的能力树）为例，演示一下画能力树的过程。

首先将能力分为四类，即从能力树的树干上分出四个枝杈（见图 4-4）。

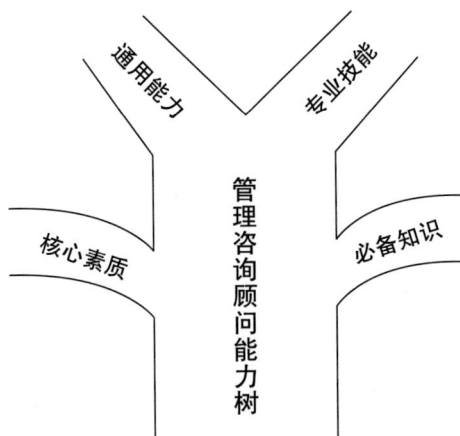

图 4-4　画能力树步骤一

其次，分解每个树枝和树叶（见图 4-5）。

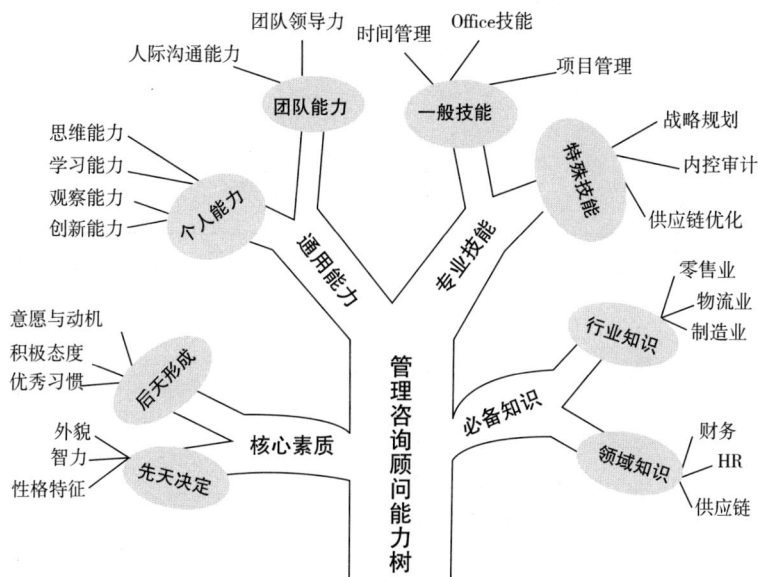

图 4-5　画能力树步骤二

　　以上这棵能力树，大家可以主要借鉴两点：一级分类分为核心素质、通用能力、专业技能和必备知识。覆盖全面，从而不再犯重知识、轻技能、忽视通用能力和核心素质的错误。核心素质和通用能力下的明细分类，相对完整，而且识别出了最基本的素质和能力。

　　第三步，有步骤地点亮能力树。

　　绘制能力树只是手段，而不是目的。其目的是以应用为导向整合各种能力，以及可以按图索骥地学习技能和知识以主动积累能力。因此，在画出能力树后，我们还需要整理出一张表格，核对自身各种能力的掌握情况，以及后续提能的优先排序和计划（见表4-1）。

表4-1　整理后的能力表格

一级分类	二级分类	能力项	优先级	提能计划
核心素质	先天决定	性格特征	/	××××
	后天形成	意愿与动机	高	××××
		优秀习惯	高	××××
通用能力	个人能力	思维能力	高	××××
	团队能力	人际沟通能力	中	××××
专业技能	一般技能	Office 技能	中	××××
		项目管理	低	××××
	特殊技能	供应链优化	高	××××
必备知识	行业知识	物流行业	中	××××
	领域知识	财务	低	××××
		供应链	高	××××

如果有条件将这张表格贴在醒目的地方，每天能提醒自己就更好了。或者像我一样，将它转换成 OneNote 笔记体系。至于如何利用 OneNote 笔记搭建自己的知识体系，可以看我的另外一篇文章《如何构建完整的知识体系框架？》。

好了，通过简单的三步，你的能力积累速度和效果一定会大大超过一般人。

我经常会收到这样的问题："老师，为什么我明明已经很努力了，却成长得没有别人快呢？"其中一个根结就在于你是有方向地整体性地积累和应用能力，从而长成了一棵能力树呢，还是应激式地学习、盲目分散地将能力长成了一片草。

不以应用为导向的能力草丛其实对你的整体能力是无益的，它会导致你的整体能力积累低效，甚至无效；永远停留在浅层学习，能力积累深度不足；能力分散，无法形成整体应用。

因此我们在学习各种知识和技能之前，首先需要明确应用目标，进而以此目标为导向绘制个人能力树，再基于能力树明确学习的优先顺序和计划。构建能力树的过程其实就是运用框架构建个人能力体系的过程。运用框架的能力直接决定了我们思考、表达和学习能力的高低，这也是我们的 YouCore 思维力训练课程重点训练构建框架能力的原因。

如何构建完整的知识体系框架

文 / 王世民

缺少完整知识体系框架的危害

世间万物，无论是大到一个星系还是小至一个原子，其本质都是一个个系统（有兴趣的话，可以去阅读霍金的《时间简史》或量子力学理论）。而"框架"就是对系统构成元素及元素间有机联系的简化体现。因此有目的地运用"框架"来思考、学习，能够让我们更全面、更快速、更深入地分析、解决问题，以及更高效地学习新知识和技能。这次我们就先聊聊为什么要运用"框架"来构建个人完整的知识体系，以及这样做的价值。

中国现有的基础教育机制来源于普鲁士教育模式。普鲁士人在 18 世纪最先发明了我们如今的中小学课堂教学模式，不过当时普鲁士人的初衷并不是为了教育出能够独立思考的学生，而是批量生产标准化、易管理的国民。因此在普鲁士教育模式下，同一根源的知识被分割为一个个学科，各学科的老师再将知识点进行分割教学，而学生通过死记硬背来学会知识点。

但是掌握知识的本质，需要知识间的大量联系。诺贝尔奖得主、神经系统科学家埃里克·理查德·坎德尔（Eric R. Kandel）在其著作《寻找回忆》（*In Search of Memory*）中写道："要想得到长久的记忆，大脑在处理接收到的信息时必须足够透彻且深入，这就要求大脑在处理信息时集中精力，并且要将这一信息有意图且系统性地与记忆中已经完善的知识联系起来。"

不幸的是，在经历过漫长的九年义务教育、三年高中学习后，我们绝大部分人已经"成功"地养成了错误的学习习惯（希望正在阅读的你不属于这个绝大多数），即热衷于去关注一个个相互割裂的知识点，而忽略了完整的知识体系框架的重要性。这种只见树木、不见森林的学习方法，会导致知识学习的三大潜在危害。

对知识的理解不深

大部分知识之间的联系是相通的，这就意味着你在学习绝大部分所谓的"新知识"时都不应该是从零开始，并且应该与你大脑中已有的知识和经验去联系起来，这样既能加快学习新知识的速度，又能加深你对新知识的理解。要建立知识间的联系，就需要你以使用为目的去构建完整的知识框架，否则你怎么会知道某一数学知识和物理知识是怎么关联的呢？说话"讲三点"与脑神经科学、记忆原理、金字塔原理又是怎么关联起来的呢？

缺少了完整的知识体系框架，你就好似失去了知识间联系的地图，从而迷失在知识的汪洋中，只能随波逐流地看到一个个孤岛，却不知道这些孤岛其实是导向大陆的一系列航标。

不自觉地陷入被动学习当中

你是否产生过这样的迷惑："我知道我要学习的东西很多很多，却不知道应该去学什么。"产生这种困惑的根源就在于缺乏完整的知识体系框架。没有了框架指导，你就难以清楚需要学习的知识和技能的范围，不知道哪些是已经掌握的，哪些尚是空白的，更不会知道什么才是当前应该优先去学的。在这种状态下，只能是碰到什么问题就被动地去学什么，零散而无系统；碰不到问题的时候，就一片茫然，不知道去学啥了。

只有基于目标，由个人能力框架出发，构建出自身的知识体系框架，才能够变被动学习为主动学习，有方向、有步骤地去学习你需要的知识。

知识整体积累的速度下降

知识之间是相关联的，不同的人在经历同一段工作或上同一堂课时会因为知识体系框架的不同，导致不同数量级的经验吸收。举个简单的例子，假如你读到下面这一句话，你会想到什么？

人的爬行脑更喜欢视觉化的信息，而不是抽象的信息。

也许此时你什么都没有想到。也许你想到了一些东西，你可能想到了海报都是图文并茂的，而非纯文字；你也可能想到了为何做PPT时需要强调图表化，而非 Word 化。还有吗？

我可以分享我看到这句话时，除了以上两点，脑海中第一时间想到的内容：

我想到了思维导图。思维导图的优势之一不就是利用图片与文字的结合刺激大脑的思考吗？

我想到了图解法。图解法的原理之一其实就是利用了人脑对视觉化的信息更易接受的特点。

我想到了表达技巧，回忆起了一本书《在客户的脑中画图》。既然人脑喜欢视觉化的信息，那我们在语言描述时，就应该尽量在对方的脑子中画图以加深他们的理解。

你想到了吗？你会好奇我为何能够想到这么多内容吗？

其实秘诀只有一个，就是我给自己构建了一个完整的知识体系框架，我知道自己需要学习什么、还缺什么，因此每当我学习新知识、经历新事情时，就不由自主地想将新了解的知识往知识框架里填充。随着我构建的知识体系框架越完整、越密集，就好像一张立体的渔网一样，同一个知识或同一段经历能够去填充的格子就越多。

当然你也有可能想到了我没想到的，因为我的知识体系框架还有很多尚未覆盖的部分，但这不是关键，重点是：你是否意识到了因为知识体系框架的不同，从同样一句话中，不同人能够吸收到的知识量的差异是巨大的。

利用 OneNote 构建个人知识体系框架

上面讲了这么多，相信你已经很迫切地想知道如何才能构建出个人的知识体系框架了。其实很简单，利用 OneNote 笔记，轻松三步，你就能很系统地构建出自己的知识体系框架并快速地上手应用（声明：我真的没拿广告费，推荐 OneNote 纯粹因为它的多层架构适合搭建知识体系）。

下面以我构建的咨询顾问知识体系框架为例，让我们一起来搭建属于自己的框架吧。

步骤一，构建自己的能力模型

个人的能力模型是整个 OneNote 笔记体系框架构建的基础。这是我 2010 年从 ERP 实施顾问准备向管理咨询顾问转型时构建的个人职业及能力架构图（见图 4-6）：

步骤二，设计 OneNote 笔记本框架

OneNote 笔记包括了笔记本、分区组、分区、页面和子页面，这是一个逐层包容的关系（见图 4-7）：

①一个笔记本里面可以有无数的分区组；

②分区组下面可以有无数的分区；

③分区下面可以有无数的页面；

④页面下面可以有无数的子页面；

⑤子页面下面还可以有更低层次的子页面。

更重要的是，OneNote 支持页面内容与页面之间自由链接，从而在知识层次结构的基础上，很好地支持了知识间广泛联系的建立。

下面请跟着我，一起来尝试运用 OneNote 强大的层次结构和

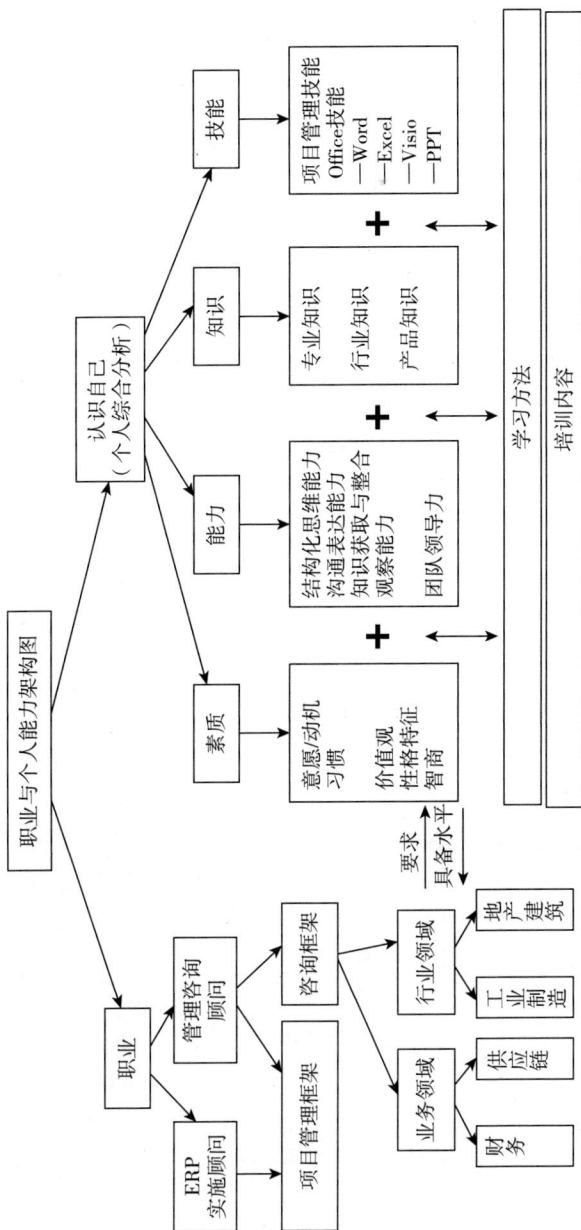

图 4-6 个人能力模型图

关联关系，构建知识体系框架吧。

OneNote笔记层次结构

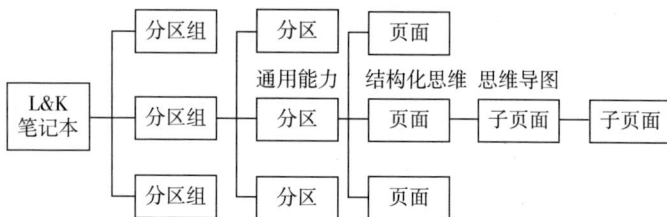

图 4-7　OneNote 笔记层次结构

首先，我构建了"L&K 笔记本"以承载完整的顾问知识体系。图 4-8 是"L&K 笔记本"架构的全貌。

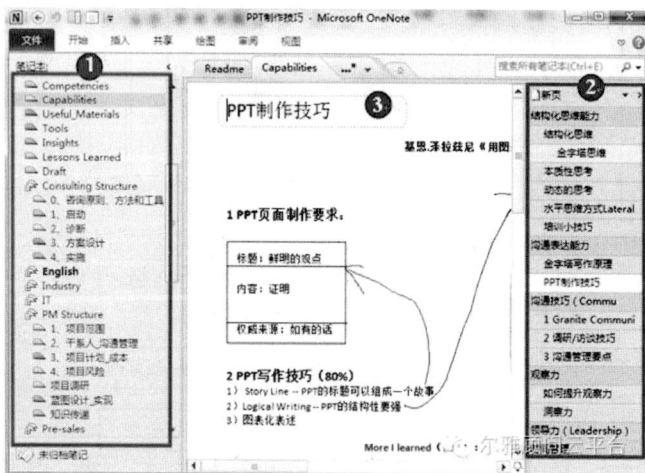

图 4-8　L&K 笔记本

其次，我在"L&K笔记本"中建立了"（Competencies 素质）" "Capabilities（能力）""Industry（行业）"等分区，以及"PM Structure（ERP 实施框架）""Consulting Structure（咨询框架）"等分区组，清晰地呈现了个人职业及能力框架的总体架构（参见图 4-8 ①）。

第三，以"Capabilities（能力）"分区为例，我在该分区下面建立了"结构化思维能力""沟通表达能力""观察力"，以及"领导力"等页（参见图 4-8 ②）。通过分区下的页面及子页面设计的形式，结构清晰地呈现了"能力"维度的具体组成。

通过以上设计，可以让我们将新学到的知识快速地归拢到知识体系中，而不再是零散的知识点；同时也能够让我们自己系统、快速地了解能力薄弱环节，从而有目的地主动学习。

OneNote 还有一个独特之处，就是随时可以在页面任意位置进行编辑，因此可以将相隔较长时间的同类知识点和心得归纳在同一个地方：一是每次编辑时都可以实现相关知识的反复参照，加强记忆；二是实现了知识的增量积累，彻底避免了知识点和心得经验随时间丢失的难题。

如我的"PPT 制作技巧"子页面中记录的内容（参见图 4-8 ③），就是横跨了至少两年的时间，每次学到新的内容或有新的感悟时，我就进行修改、补充。通过这种方式积累知识，可以随时拿出内容相对工整的分享。这也是我转行做培训时，可以快速地开发出一套完整的顾问培养体系的原因。

步骤三，持续更新知识体系

完成整体的知识体系框架构建后，就需要在具体的学习、工作实践中善于应用知识，并及时总结实践经验，以持续更新知识体系。

下面以我如何在实践中应用"ERP项目管理"的知识为例，演示一下知识体系的应用和完善方法。

在"L&K笔记本"外，我建立了一个"Projects笔记本"，用于记录项目实践（见图4-9）。

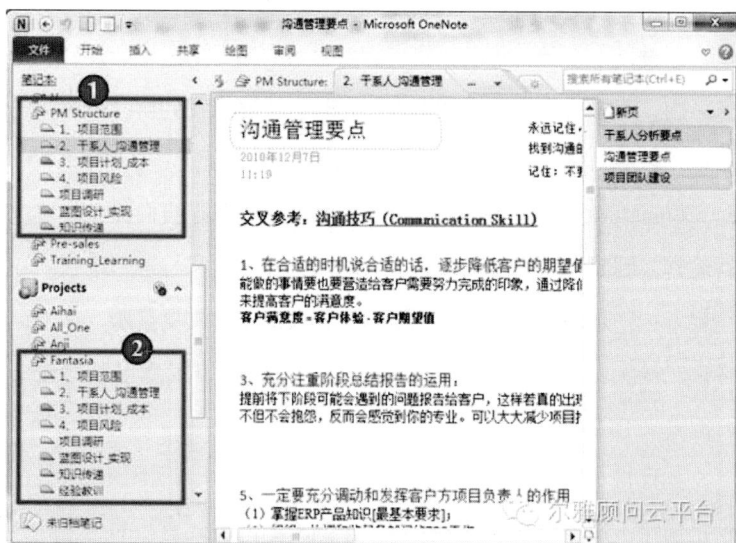

图4-9 Projects笔记本

以从事ERP实施顾问时为例，每次有新的ERP项目时，我首先会将"L&K笔记本"中的"PM Structure"分区组（图4-9①）复制一份作为"Projects笔记本"中的新分区组（图4-9②），用作新项目的笔记框架。

这样一方面可以运用积累的知识和经验体系化地对项目实施进行指导；另一方面也可以体系化地总结新项目的经验教训，并即时更新到经验积累中。

通过此方法，我年轻的时候每做一个ERP项目至少能积累一般顾问五个项目的经验，因此成长得非常快。当时我从事ERP实施不到两年时间，就已经成为深圳分公司的首席实施顾问了。

我后来转型管理咨询顾问、售前顾问时，同样采用以上方法：先在"L&K笔记本"中构建了管理咨询和售前项目的框架体系，有新项目时就运用该框架作为指导，并在每一次完成项目后提炼通用性的经验到该框架中。我在两家非常知名的外企咨询公司工作时之所以能取得相当不错的工作业绩，与此密不可分。

自控力不强的人，就没资格学习了吗

文 / 谭晶美

面对学习，你的自控力为什么会这么差

和我一起住的于木木是个非常非常上进的女孩子，究竟有多么上进呢？举个例子，我在家帮她签收的快递多半是书。

心理学概念开始火的时候，她一口气买了《社会心理学》和《心理学与生活》两本教材。拿到书时，她说了句，要在两个月内看完这两本砖头厚的书。当时我就震惊了。不久，她就做了十分完美的计划，每天起床后和睡觉前花不到一小时的时间看40页。结果呢？

和大多数上进的同学一样，她坚持了两个星期就放弃了。两年过去，那两本书早蒙了厚厚的灰尘。这种情况也出现在她学习其他知识的时候。是的，我说的就是写作、

设计、理财等，她往往三分钟热度，始终坚持不下去。很快，她得出一个结论，是自控力太差！后来她报名了一个"如何10倍提升自控力"的课程，大概就是教了怎么做时间管理，结果可想而知——并没什么用。

身边其实有挺多像木木这样上进的朋友，比如吴小框同学在京东活动时买了20多本书，最近问他有啥收获，他说第一本的目录终于看完了。嗯，我知道他一定坚持不下去。看起来，学习的最大障碍仿佛就是自控力出了问题。

很多人觉得自控力就是"我能用意志控制自己，想让自己干啥自己就会干啥"。同学，你又不是机器……没有人能做到这样的自控。

也许，你看到的"自控力"其实是假的？前文提到的没法坚持读书的木木同学，她晚上即使9点钟下班，也依然会坚持在厨房待1小时，原因只是"外面的饭菜味精太多"。她想要做第二天能带去公司的午餐，于是每天变着花样学习做潮汕虾蟹粥、椒盐带鱼、日式咖喱鸡，饭菜一天比一天好吃。在我看来，她在坚持做饭这件事情上的自控力是旁人无法企及的。

假如我们把角色换成特斯拉的CEO兼大众男神埃隆·马斯克。听说他每天坚持读两本书，不到18岁就读完了图书馆的书。如果让马斯克天天坚持花式煮饭，你觉得他依然会拥有自控力吗？

这样看起来，木木还是很有自控力的嘛，只是没用在读书上，就像马斯克没法控制自己去花式做饭一样。

所以，"因为有了自控力所以才能坚持学习"这本身是个伪命题。那些能坚持学习的人，背后都是有原因的，只是他们没告诉你。

那么，能坚持学习，背后的原因到底是什么呢？为了破解这个问题，我再举两个例子。

昨天，我们同事吃饭时一起讨论到一个话题："你曾经在什么情况下能坚持一个月天天看书？"

实习生饭饭说，期末考之前天天都在啃《宏观经济学》。老白说，转行开始做运营时，连续看了四五本相关的书。大家七嘴八舌，最后给出了一个结论：坚持学习的第一驱动力，就是马上就要用。引用一句"掉书袋"的话，就是"所学知识要建立在限时的利害关系上"。

我在朋友圈看过一篇标题为《你顽固的时候真好看》的文章，当时很有兴趣地点开往下读了两遍。文章确实让人深受启发，在看完那一瞬间感觉自己的精神层次又得到了升华。但过了15分钟，刚刚获得的启发感荡然无存，似乎我并没有从中获得什么。我依然不懂怎么分场景应用，不懂怎么具体地验证，确认应该在什么情况下"固执"，又该在什么情况下"放弃"。

看出来了吗？大多数时候，我们与知识之间的关系仅仅是脸熟。对于行动类的学习内容来说，最重要的是要有应用场景，一旦没有应用场景，缺乏正向反馈，坚持不下去才是正常的，能坚持反而是反常的。因为"学非所需"和"学而无用"，太多人沦为虚假学习的奴隶。

真正的"高自控力"学习是怎样的

YouCore 家族不败学霸、产品总监缪老师（传说中"自控力"本人）说，他每天一定会从百忙之中抽出 15 分钟时间看几篇重点公众号的文章，并且坚持在 OneNote 里做文章拆解分析。

我得承认，缪老师是真学霸。他看文章的动机是需要研究优秀公众号文章的写法，并要求自己在下一篇文章中使用最新的技巧。他几乎天天都说，"建立应用型学习的意识非常重要。"

真学霸和感动自己的学霸（俗称"伪学霸"）最大的差异就在于："伪学霸"一直在用保守又轻松的方法走下坡路，而真正的学霸早已清醒地选择了走有用且高效的上坡路。

这也是 YouCore 整个系列产品设计在走的路：应用型学习。毫无疑问，应用型学习比非应用型学习难得多，但能让每位学员感到有用、受益、高效，一直在走上坡路。这才是检验学习是否有效的唯一标准。

实现应用型学习，有哪些具体方法论呢？依然分为三个步骤。

从解决一个具体的问题开始

每一个经历过高考的人都清楚，冲刺前的终极复习策略不是听老师讲课，也不是继续背知识点，而是做真题！因为从真题出发，才能把零碎的知识点用起来。

同理，在 YouCore 的中级训练营中，老师也不会满堂灌，而是要求每个学员首先提出一个自己工作中遇到的真实问题，这其实也是为每个人设立了应用目标。

在构建职业能力树之前，也要首先写下你想要拿下的是哪个职位。只有为了应用目标构建出的职业能力树，才能真的帮助你升职啊。

在你有学习的冲动之前，先拿一张 A4 纸，在上面写下学习的应用目标，也就是想要解决的具体问题。这一点是一切的基础。

创造应用场景

同样以木木为例，她有一段时间热衷于跟着另外一个朋友学英语，但最终进步依然不大，而她的那位朋友的学习效果则非常棒，因为那位朋友本身就在外贸行业，日常工作时就用得上英语。英语有用吗？很有用，但是对木木来说，她并没有用的机会。如果木木选择每周都去参加英语角活动，学习效果可能就大大提升了。

如果客观上有很多运用和练习的机会，那基本上就是在被动地进行应用型的学习了，因为你输入本身就是为了输出。

如果没有客观应用场景，我们还能在主观上创造应用场景。例如，YouCore 团队每隔一周就会有一次内部分享机会，比如我上周就做了项目管理的主题分享。这其实并不是因为我的项目管理水平高，恰恰是因为我的项目管理水平还不够高。之所以由我来讲，是为了让我通过分享，告诉别人我在实践中提炼出来的知识，并通过被更高水平同事的提问吊打，将没想通的知识点真正想明白。整个过程中随时都有恍然大悟之感，受益最多的其实正是我自己。

获取正向的即时反馈

人类天生短视，喜欢即时的反馈和满足，因为大脑里住着一个享受"小人"。这个"小人"经常在你为未来筹谋时出来捣乱，说"嘿，别管这么多了，就是现在！"

这就是为什么你打开阅读软件准备看书，却鬼使神差地戳开了"王者荣耀"推送的对战消息。因为游戏能够给你即时的满足感。而保持持续的学习状态，需要一个人甚至一帮人时常给以你精神的鼓励。

还有什么比跟一群有激情的学习者在一起更能让自己坚持下去呢？这一条做起来一点都不难，那么多学习社群、打卡活动、读书会，不都是为了这个目的而存在的吗？

大多数时候，我们在学习过程中坚持不下去，并不是自控力有问题，而是因为学非所需和学而无用，沦为了虚假学习的奴隶。

自律哪有模板，借鉴不如实干，应用型学习的方法论可以破解这一难题。

这可能是史上最有效破解学习焦虑的方法了

文 / 缪志聪

学习焦虑时，我们到底在焦虑什么

在 YouCore 上一期的中级训练营中，有一个学以致用的作业：请遵循以终为始的原则，从你目前的工作需要出发，构建自己的个人知识体系框架。

然后，有一位非常努力的同学就在微信上给我发消息：老师，万一要是"终"错了怎么办？我是不是应该学习更多东西，这样才更有保障！可是，要学习那么多东西，我的时间又不够，到底要怎么办呢……

隔着屏幕，我都能感受到她深深的学习焦虑。

你会学习焦虑吗？焦虑的话，是单纯地不知道学什么，是不知道如何学，还是学起来特别慢？

其实，大部分"学习焦虑"，不外乎下面这三种原因。

不知道学什么，却知道无论如何都要学习

上周末回上海，太太正在大扫除，一下子整理出 20 多本几乎全新的《经理人》杂志，一摞还没拆封的《南方周末》，还有一台存了几十本电子书的 Kindle。她一脸无奈地说："当初我们几个怀孕休假的同事一起商量说，趁这段空闲时间，一定得好好学点东西。看着她们一窝蜂订了杂志，我就想着随便学点总没错，就跟着一起订了。觉得自己也该多读读书，索性自己也买了一台 Kindle 回来。结果……"

在这个高速运转的社会里，人人都害怕被甩掉。不学习的话，心里总有一种不踏实感，害怕被人超越。可学习的话，又不知道学啥。结果就只能像我太太这样，盲目跟学，用一个个新知识来缓解自己的焦虑。于是，一帮所谓的知识大 V 出现了，你就像一只嗷嗷待哺的雏鸟，终于抓到了救命稻草，他们给你什么，你就学什么。然后，你越学越焦虑。

不知道如何学，东西这么多，到底从哪儿开始学

刚换了工作，第一天报到，就被劈头盖脸地扔了一大堆资料、文档、链接，最后交接的同事还温柔地补了一句：哦，还有件事，这个文稿是领导周五就要的，你优先完成下。望着密密麻麻的文档，是不是头皮发麻？这得多少天才能看完啊，还周五就要交货，

这哪是跳槽，分明是跳坑啊。

怎么都学得慢：一样是学习，为啥别人比我学得好

跟同事一起接触新业务，明明自己来得比他早、走得比他晚，学习的时候连喝口水的时间都舍不得浪费。

可是见鬼了，自己还一脸懵懂，心里想着这么多内容，如果能再多几天时间学习就好了，他却像开了挂一样，刷刷刷开工了，不但一二三四五有板有眼，新业务需要的那些营销、产品、财务知识也好像本来就会似的。

不知道你的焦虑是不是来自上面三点呢：不知道学什么，不知道怎么学，怎么都学得慢。如果是，那就要好好掌握下面的三个学习姿势了！

知识焦虑怎么破

挣扎在学习焦虑的汪洋大海时，用什么姿势才能快速上岸呢？

姿势一，建立起"功利性学习"的意识

"功利性学习"，就是保持一切学习都以用到、做到为目的。啥意思呢？就是开始每一段学习前，先弄清楚学习对自身的意义，只学有用的，不为学到，而为用到、做到。

实践才是检验真理的唯一标准。比如你是做销售的，并且准备继续做销售，那你进行所有的学习时都应该首先考量一点：这一学习内容是否对我晋升销售经理或者未来任职销售经理有用？

进行功利性学习时，建议将工作目标和学习目标统一起来，在各个场景中保持同一目标。这样做有两方面的好处：其一，你不会在工作的时候想，要在下班后多学习，然后又在学习中觉得动力好像不够，不断拖延；其二，能够确定学到的东西肯定能应用在工作中。

反之，如果在知识的学习中从始至终都找不到应用的目标，你就会一直焦虑。

姿势二，基于框架开始系统学习

有了确定的应用目标后，我们往往发现这个目标需要一个巨大的知识体量做支撑，一点一点学简直就是找死。这时候，有没有方法让学习知识变成像电脑下载文件一样，我时刻能看到自己的进度，减缓自己的焦虑？有的，只需要基于目标构建自己的知识体系，并且不停地填充就可以了。

构建知识体系就是勾勒出需要实现目标对应的知识板块，描一张建工地的草图。而填充知识体系，就是在平时的工作学习中不断上色填充。哪里线条比较凌乱，哪里还没有上色，进度一目了然。

构建知识体系主要分为两大部分。

第一，构建基于应用场景的流程框架。

应用目标有了之后，你就可以基于目标分解出各个应用场景，构建基于应用场景的流程框架。

依然以销售举例，销售的流程框架是什么样子的呢？最简单的框架可能是这样的：陌生拜访→销售跟进→跟进转化→复购。

一般来说，这些流程可以通过观察别人的工作方式、浏览招聘网站的职位信息、查阅专业书籍的相关知识来获取。有了这些流程，你就可以将自己的工作体系化、流程化，同时知道自己在哪方面比较欠缺。

第二，构建基于目标的个人知识能力框架。

有了流程框架后，对应于每一个步骤，你可以识别出具体需要怎样的知识、技能、能力，自己有哪些需要优先填充，从而构建出自己的知识能力框架。当然，框架只是没有描线上色的草图，接下来，你还要对知识体系进行填充。

知识框架的填充方式也主要有两种。

第一，主动填充。对照自己的个人知识能力框架，已经预先知道了自己的不足，你就会主动从周围的一切信息中捕捉相关的内容进行填充。

以前看一本书、听一个讲座可能都是被动的，只会跟着作者／主讲人的思路走，没有内化成自己的，所以听下来毫无重点，收获自然不多。一旦学会了主动填充，吸收的一切知识必然想着拿到自己的体系中套一套，形成自己的。

第二，应用时填充。除了主动填充之外，你在实际工作中应用到的可以优先填充。

之前在 YouCore 训练营中，有同学就咨询，自己学习的时候想着工作，工作的时候想着学习，怎么办？如果能做到应用时填充，当然就不会有这样的苦恼了。

姿势三，成套地运用框架

经过前面的两步，相信你已经能够针对应用目标形成自己的知识框架了。但这个知识框架，还没有真正经过实践的检验。下一步，你就要进入检验完善阶段，将应用场景的流程框架整体应用到实际工作中。

构建应用场景的流程框架，就像你事先准备的菜谱；而应用到实际工作中，就像实际炒菜。实际炒菜过程中有了心得，你可以继续完善菜谱，也就是完善应用场景的流程框架。如果菜谱没问题，也就是流程框架比较完善，但是执行的人不行，比如翻炒时的手臂力量不够，那你就可以继续完善你的知识能力框架。

通过这样的实践检验，你的实际工作效率因为流程化提升了，你的知识体系也就越来越完善、越来越实用，真正做到了从知道到做到。

一上台就尿？神秘公司流出秘籍，简单五步治尿

文 / 刘艳艳

我们为什么会害怕讲课

两周多前的晚上 11 : 00 多，刚工作不久的表妹给我电话："姐，领导要求我两周多以后给同事讲课，但是我之前有几次都讲得很不好，每次一上台就心跳加快、脑袋空空，一瞬间什么都忘了，说话的声音都会抖，有时舌头还会打结，特别是上次代表部门总结成功经验，大家辛苦准备了好几天的 PPT，结果因为我太紧张了，原计划 45 分钟的时长我上台不到 20 分钟就机械地念完了，搞得最后非常尴尬。我现在心里都有阴影了。想到两周后要讲课，最近好几天都没睡好觉，整个人的精神都不好了，姐救救我吧……"

当时因为时间太晚了，我忙着自己手上的项目工作，

就随口敷衍了两句鸡汤:"你要对自己有信心,你行的;上台前如果紧张就多做深呼吸;讲课时目光要注视那些对你微笑的人!讲多了自然就好了。"

第二天早上,回想起表妹那充满失望的一声"哦",心甚不安,因此好好琢磨了下我在YouCore讲课的经验,整理出来给表妹做指导。前几天听她高兴地跟我分享讲课成功的喜悦后,我决定发出来拯救其他有讲课或上台分享恐惧症的"表弟""表妹"。

上台讲课有这么可怕吗?对某些人而言好像还真的是很可怕的。美国打赢南北战争的将军格兰特,面对千军万马的军队都不害怕,但林肯总统请他上台讲几句话时就怂了,紧张得讲不出话来。

我们究竟在害怕什么呢?是上台讲课本身吗?绝对不是!上台讲课再可怕,也可怕不过会死人的战争。我们害怕的其实是人性深处的恐惧,正如富兰克林·罗斯福所说:我们唯一害怕的是害怕本身。

人性深处的恐惧是在进化过程中产生的(不能产生恐惧的祖先都被淘汰了)。比如10万年前,你的太太太……爷爷和他的小伙伴晃荡在非洲大草原上、叼着树枝吹着牛,突然一头饥肠辘辘的狮子靠近了,你的太太太……爷爷立马在恐惧的驱动下逃跑了,而他的伙伴恐惧感少了些,好奇地停下来研究了下,结果就被狮子吃了。这样的一幕反复上演后,最后留下的就是将恐惧深植于人性深处的我们这帮优胜者了。

那么人何时会产生恐惧呢？当我们怕失去某些东西的时候。比如，你的太太太……爷爷面临狮子怕失去性命的时候、高三学生面临高考怕失去升学机会的时候、投机者面临股票可能下跌失去金钱的时候。

表妹恐惧上台讲课又是怕失去什么呢？怕失去同事的尊重或信任。为什么她认为会失去同事的尊重或信任呢？因为她认为她会讲不好这堂课；为什么她会觉得讲不好这堂课呢？因为她对自己的准备没信心；为什么她对自己的准备没信心呢？因为她无法确定准备绝对会让她讲好这堂课。

因此，要克服讲课的恐惧，治标的方法可以是心灵鸡汤般地自我催眠：丢脸了又怎样呢，我根本就不在意你们这帮人；更治本的方法应该是通过有效的授课准备以建立绝对自信。图 4-10 是我基于 YouCore 培训体系为表妹简化提炼的五步法：

YouCore授课准备五步法
（简化版）

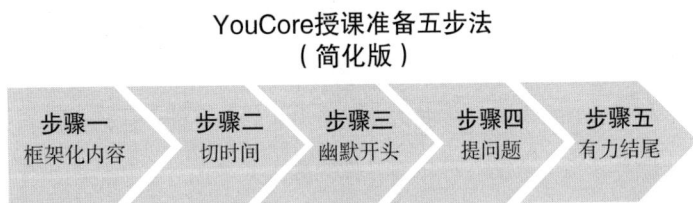

| 步骤一 框架化内容 | 步骤二 切时间 | 步骤三 幽默开头 | 步骤四 提问题 | 步骤五 有力结尾 |

图 4-10　授课准备五步法

步骤一，框架化内容

为什么准备了很久的 PPT 课件，一上台就讲不好，甚至忘得干干净净呢？那是因为你仅仅做了五分之一的准备（讲课课件），还有五分之四的内容一点都没准备，讲不好岂不是再正常不过的一件事。

一个专业的课程设计涉及的内容非常多，从价值主张到学员驱动力、培训理念、教案、教法、学习活动、讨论案例、练习题、作业题等等。既然表妹只是内部分享上上课，没必要像YouCore这么专业，直接关注能帮助自己讲得下来的部分就好了。

作为一名初级讲师或偶尔内部授课的"小白"，我们在做准备时，首先要框架化讲课所需的最基本内容：授课对象、核心诉求、授课目标，各部分讲课的目的及内容、讲课形式、执行人及注意点等（见表4-2）。

表4-2　授课框架（部分）

YouCore 授课框架					
授课对象：刚接触项目管理的同事	核心诉求：建立对项目管理的整体概念，并掌握基本项目管理工具				
授课目标：引导学员认可项目管理价值、构建个人的项目管理框架，并掌握基本的计划、风险管理工具					
时间段	目的	讲课内容	讲课形式	执行人	注意点
	诱发大家对项目管理的认可	分享我仅工作三年，如何成为高级项目经理的经历			分享的口吻要谦虚
	初步体验	各组讨论从分享案例中的借鉴点并写在A3纸上			
		相互阅读并评选1~3名			引导出三大结论

时间段	目的	讲课内容	讲课形式	执行人	注意点
	引导反思	如何将借鉴到的经验实际应用在工作中呢？			引导出项目管理
	1. 区分项目工作和日常工作 2. 理解公司的项目组架构	讲解项目的概念： ——讲定义 ——看视频 ——小练习			
10分钟休息					
	理解项目管理的本质和内容	项目管理的本质： ——管什么：10 知识领域 +1 ——怎么做：5 大过程组 ——拿什么管：工具／方法 ——因地制宜而变			

这样做的好处有两点：一是能真正做好讲课前的预演准备，二是授课时即使脑袋不小心空白了也能跟着框架继续讲下去。比如在讲"项目的概念"时，万一紧张忘了准备讲的话，就可通过进行下一环节很快从尴尬中跳出来：我讲的没有视频生动，我们还是先看段视频吧。

步骤二，切时间

框架化内容后，接下来就是给各部分讲课内容分配时间了。为什么要将讲课时间切块呢？你可以回忆下大学课堂的场景：教授上面讲得 High，底下趴倒一大片。除了很多大学生爱睡觉外，教授们不注重课程时间切块，经常是一段长达 40 分钟的"念经"是主要原因。

那么如何给教学内容分配时间呢？美国创新性培训技巧的创始人鲍勃·派克在《重构学习体验》一书中提出了 90-20-8 法则：

90 分钟是一个人带着"理解"的能力能倾听的最长时间。90 分钟是人理解力的生理极限，因此最长 90 分钟一定要给学员休息时间。

20 分钟是一个人带着"吸收"的能力能倾听的最长时间。因此每 20 分钟最好变化下学习方式，比如授课 15 分钟后，就安排讨论 10 分钟。

8 分钟是必须调动学员的时间节点。调动学员就是以某种方式重新唤起他们的注意力。比如对着大家讲了 8 分钟后，发现有人开始目光涣散或低头玩手机后，可以在大屏幕上放一幅图，让学员数一数树上有几只猴子，这样就能将学员的注意力拉回到投影幕上了。

表 4-3　加了讲课形式、切了时间的授课框架（部分）

YouCore 授课框架	
授课对象：刚接触项目管理的同事	核心诉求：建立对项目管理的整体概念，并掌握基本项目管理工具

授课目标：引导学员认可项目管理价值、构建个人的项目管理框架，并掌握基本的计划、风险管理工具

时间段	目的	讲课内容	讲课形式	执行人	注意点
10：10—10：15	诱发大家对项目管理的认可	分享我仅工作三年，如何成为高级项目经理的经历	开场语	讲师	分享的口吻要谦虚
10：15—10：30	初步体验	各组讨论从分享案例中的借鉴点并写在 A3 纸上	小组讨论	各小组	
10：30—10：40		相互阅读并评选 1~3 名	总结	讲师	引导出三大结论
10：40—10：50	引导反思	如何将借鉴到的经验应用到实际工作中呢？	问答	讲师	引导出项目管理
10：50—11：10	1. 区分项目工作和日常工作 2. 理解公司的项目组架构	讲解项目的概念：——讲定义 ——看视频 ——小练习	授课	讲师	
10 分钟休息					
11：20—11：35	理解项目管理的本质和内容	项目管理的本质：——管什么：10 知识领域 +1 ——怎么做：5 大过程组 ——拿什么管：工具/方法 ——因地制宜而变	授课	讲师	

知道 90-20-8 法则后，上过"思维力训练：用框架解决问题"

课程的同学应该明白为啥视频都是一小段一小段的，还穿插PPT了吧，目的就是用不同的活动形式保持你的注意力和理解力（见表4-3）。

步骤三，幽默开头

通过框架化内容和切时间后，整体性的准备工作就算都完成了，下面就是局部设计了。首当其冲的就是开场。

传授如何开场的技巧非常多，我先传授一个超实用的：小幽默。为何要强调幽默开头呢？原因有两个：一是能带动下面学员的气氛，二是能克服自己的紧张。

具体怎样才能在开场时幽默呢？方法挺多，YouCore总结了一个幽默类型的框架，分享出来供参考（见图4-11）。

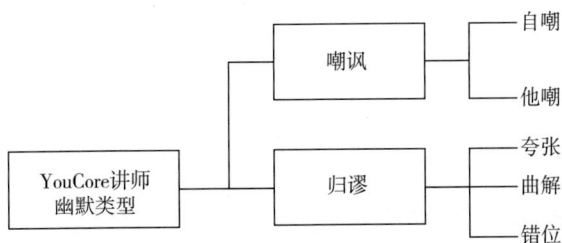

```
                    ┌──────┐         ── 自嘲
                ┌───│ 嘲讽 │───┤
                │   └──────┘         ── 他嘲
┌─────────────┐ │
│ YouCore讲师  │─┤
│ 幽默类型     │ │                    ── 夸张
└─────────────┘ │   ┌──────┐         ── 曲解
                └───│ 归谬 │───┤
                    └──────┘         ── 错位
```

图4-11　幽默类型

比如李敖先生有次在北大演讲时开场用的小幽默：北大有个女学生在一个小房间里看到一个人走来走去，嘴里还念念有词。她就问他在干什么，他说在背演讲稿。女学生又问那你紧张吗？他说不紧张。女学生就说既然你不紧张，那你到女厕所来干吗？这个人就是——连战！

李敖采用的就是嘲讽中的他嘲，不过使用这种幽默技巧的时候要慎重，以免伤害别人，保险的做法是多用用自嘲。

再比如归谬，相声里常用：拿三国来说吧，韩国、新加坡、马来西亚。这就是归谬下的曲解法。

步骤四，提问题

幽默开场后，现场一片融洽，你的心情也是一片大好，下面就是漫长的具体讲课时间啦。根据我们在切时间步骤中提到的90-20-8法则，在讲课时不能一味地自己讲，否则就成自嗨了。最多讲20分钟，就要时不时地插入一些不同的活动，作为新手讲师，我们最容易上手互动的就是提问。

提问题可以应用在课堂上的不同时间段进行。比如在开场时可以用一个问题引入，引起大家的兴趣；在大脑需要调动的8分钟时可以提一个问题，吸引大家的注意力；在课程结束时可以提一个问题，引发大家思考。

步骤五，有力结尾

好不容易熬到结尾了，赶紧从讲台上跑下来了。别急，还有非常重要的一环没做呢：有力结尾！结尾的好与坏，对你授课效果的评分至少占到50%。假设你开头、过程都讲得很好，结尾很平庸，那得分估计也就80分上下；反之，你开头、过程都不咋地，如果结尾很精彩，有可能得分就在90以上了。这就是诺贝尔奖得主、心理学家丹尼尔·卡尼曼提出的著名的过程忽视（Duration

Neglect）和峰终定律了。

卡尼曼让受试者做三次实验，第一次是短期实验，第二次是长期实验，第三次由受试者自己选择时长。

短期实验情况就是在14℃的水中浸泡60秒，受试者会感到水特别凉，但还能忍受。长期实验情况会持续90秒，其最初的60秒和短期实验的情况一样，但在60秒后实验者会打开一个阀门，让温水流入容器中。在后30秒内，水温大约会上升1℃，刚好可以让受试者觉察到疼痛感略有缓解。

两次实验后，有80%的受试者第三次选择长期实验而非短期实验，虽然长期实验经受的痛苦明显更多。

峰终定律认为短期实验的记忆要比长期实验的记忆更糟，而过程忽视则认为90秒和60秒疼痛之间的区别会被忽略，这就是为何80%的受试者在第三次选择做长期实验的原因。因此，在授课准备前，也好好琢磨下你的结尾吧，特别是公司有授课效果打分的情况下。

当然要成为一名真正专业的讲师，仅仅掌握以上五步是不够的，还需要更广泛、深入的学习积累、框架更完整的培训体系指导，以及更多的实践锻炼。

时间紧、任务重时，如何做出最优决策

文 / 王世民

什么是假设思考

你有没有想过，你必须做某个决策时，是时间充裕、信息充足的情况多呢，还是时间紧迫、信息不足的情况多呢？只要你静下来想一想就会发现，其实后者的情况多得多。

在时间紧迫、信息不足的情况下，你又是如何表现的呢？是压根做不出决策，还是不敢做决策？你是不是以为，诸如小米、阿里巴巴、苹果等众多大公司的高管们，设定公司发展方向或者调整公司战略，一定是审慎地分析了企业内外环境和自身资源，然后经过激烈讨论而决定的结果？事实上，高管们做决策的过程并非如此神圣，甚至大多数时候决策的出炉，凭借的可能仅仅是他们的直觉，也就是"猜"。

为何会这样呢？吴晓波有一段很精彩的分析：商业活动就本

质而言，是一场面对不确定性的智力博弈，这种不确定性由消费者的潜在心理和未知使用习惯构成，甚至连消费者自己也对此一无所知。

由于商业活动不确定性的本质，基于确定性和数据建立起来的理论模型往往会失灵，要么让企业决策陷入无休止的论证而错失良机，要么不敢承担风险而故步自封，因此企业高管们很多时候只能靠"猜"。这种"猜"就是假设思考（如果单凭几套模型做做数据分析就可以做出正确决策，企业高管们就不可能拿到那么高的薪酬了）。

碰到某问题后，我们一般的思考方法是先搜集与分析资料，然后根据资料顺向推导，最终得出结论。比如我们上学时常做的代数题就是一般思考：运送29.5吨煤，先用一辆载重4吨的汽车运3次，剩下的用一辆载重为2.5吨的货车运，还要几次才能运完？

一般思考解题步骤：先用$29.5-4\times3$，得出还剩17.5吨要运，再用$17.5\div2.5$，得出还要运7次。

而假设思考是基于少量信息，先快速给出一个或几个可能性最高的结论，再以资料与实验加以验证，逐步修正。依然以上面的代数题为例，假设思考解题步骤：直接给出一个可能性较高的答案6次，代入公式$4\times3+2.5\times6=27$吨，发现比29.5吨差了2.5吨，因此修正答案为7次。

简单来说，一般推论和假设思考最大的区别就是思考方向性问题：一般推论从问题到结论，先采集信息，顺向推导，一步到位；

假设思考从结论到问题，先预设结论，再行验证，逐步到位（见图 4-12）。

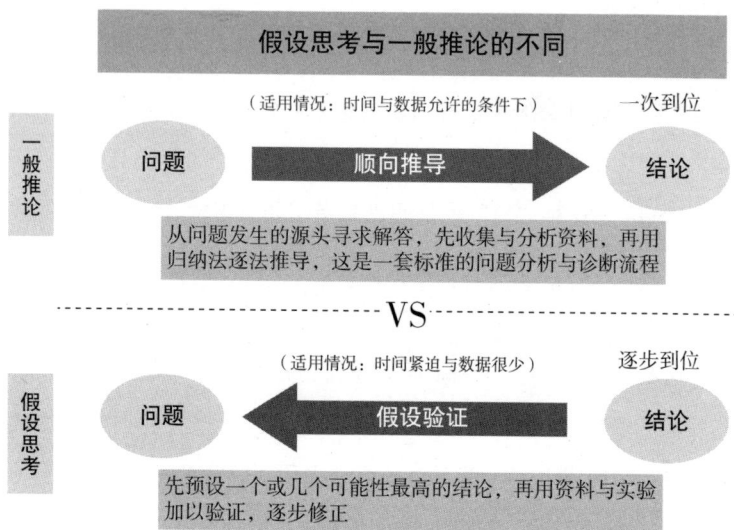

假设思考与一般推论的不同

| 一般推论 | （适用情况：时间与数据允许的条件下） | 一次到位 |

问题　　　顺向推导　　　结论

从问题发生的源头寻求解答，先收集与分析资料，再用归纳法逐法推导，这是一套标准的问题分析与诊断流程

- - - - - - - - - - VS - - - - - - - - - -

| 假设思考 | （适用情况：时间紧迫与数据很少） | 逐步到位 |

问题　　　假设验证　　　结论

先预设一个或几个可能性最高的结论，再用资料与实验加以验证，逐步修正

图4-12　思考与推论的区别（图片来源：《思维力：高效的系统思维》）

时间有限情况下的假设思考

假设思考相较一般思考能更快地找到问题的答案或结论，因此在时间紧迫的情况下，假设思考会是更佳的思考方式。比如有 3 个人 5 顶帽子，其中 2 顶红色，3 顶黑色，假设你和其他两人在黑暗中各取一顶戴在头上，灯亮后，你发现其中一人的帽子是红色的，

另一人的帽子是黑色的，你能最快地说出你的帽子的颜色吗？

这道题可以用一般思考来顺向推导，但在你推导时别人可能就抢先了。因此可以改用假设思考，先直接假设一个结论：你戴的是红帽子。灯一亮后，立马进行验证：现在另一人是红帽子，如果我也是红帽子，那么应该立马就有人开口了，现在大家都在迟疑，那我肯定戴的是黑帽子。看，用了假设思考后，是不是解决问题的速度噌噌就上来了呢。

再看一个案例。如果公司要求半年后推出一款新手机，你是采用一般思考先进行大规模市场调研，根据调研结果再设计手机呢？还是基于已有的信息，先假设出新手机的卖点功能，再找一批种子用户边验证边迭代设计呢？采用后一个思路的是小米，采用过前一个思路的有惠普。你买过惠普的智能手机吗？我相信有这个"荣耀"的人不多。惠普曾雄心勃勃地想进入智能手机市场，花巨资聘请顶级市场调研公司分析全球消费者需求，可惜的是消费电子产品迭代更新太快，最终调研出的消费者需求已是上一年的爆款需求。

无法全面采集信息情况下的假设思考

假设思考除了在时间紧迫的情况下效果更佳外，很多时候也是不得不采用的思考方式——因为无法全面采集信息。

> 如果调研公司会告诉你谁是爆品，他为什么不自己上？

2016 年 9 月 1 日，SpaceX 的猎鹰 9 号火箭爆炸了。三个星期后，SpaceX 表示爆炸事故很可能是火箭氧气箱中的氦气系统发生了泄露。你认为 SpaceX 在调查这个事故的原因时，采用的是一般推论还是假设思考？

毫无疑问，在火箭已经炸没的情况下，只能采用假设思考了。一是根本不可能造出一模一样的火箭来让工程师采集所有信息，二是没有足够的成本、时间来满足全面采集信息的需求。

再看一个与你切身相关的问题：你在选择配偶时是采用一般思考，还是假设思考？同样的道理，在时间穿梭尚未实现的情况，你绝不可能观察完配偶一辈子的表现后再决定是否选择他 / 她。更可行的办法是你预设出对方应有的表现，再在交往中去验证他 / 她是否会如此表现。

提升假设思考质量的两大法门

在时间紧迫、信息受限的情况下，假设思考是一种更为有效的思考方式。假设思考效果好坏、效率高低的关键取决于假设的质量。如何才能保证假设的质量呢？传授给你两大法门：以框架为基础、以事实为依据。

假设不是"蒙"，要基于一定的框架

框架能够有效提高假设的质量和全面性，因此用框架解决问题是值得好好练习的，这是假设思考的基础。你可能会质疑，文章开

头，你不是说那些企业高管做决策都是"猜"的吗，怎么现在又说以框架为基础呢？其实这些企业家直觉的背后是日积月累的经验，只是他们构建假设的框架更多是隐性的，而且得出假设的速度太快，以至于自己都没有察觉。

假设要以事实为依据做验证

提高假设有效性的第二个法门就是事实验证。假设毕竟只是假设，只是有可能的结论之一，因此在可能的条件下任何假设都要经过事实的验证。

优秀的企业家在依靠直觉得出假设后，依然会投入人力、物力，甚至请外部咨询公司做事实论证。一个企业家的成就，早期可能来自直觉，但长期的可持续成功必然建立在科学决策和对行业的长期专注上。

盲目迷信曾经成功过的直觉，走上反理性、反科学的反智路线，不重视对假设的验证，这是很大一部分中小企业死在成长路上的主要原因之一。

在时间紧迫、信息不足的情况下，你是不是做不出决策或者不敢做决策？其实，随着你社会地位越高，就越需要在时间更短、信息更少的情况下做决策，而且当今社会变化未定，假设思考更是一个人必备的思考方式。假设思考不是瞎蒙，更不是迷信直觉的反智，而是要尽可能提高假设的有效性。

想提高学习能力？掌握这一个方法就够了！

文 / 王世民

兴趣到底是怎么产生的

从初中入学到大学毕业整整学了 10 年英语，好歹将四级证书混到了手，但一开口发音最熟练的就是"呃、呃……"，单词也是背了忘、忘了背，不知道多少次循环了。每次都是下定决心、苦学两周、意外中断、回到开始，半年后再来一遍。但是打 DOTA 就不会出现这种情况，从古老的四大法老王一直玩到 DOTA2，哪怕再忙都要抽出睡眠时间为英雄升升技能点，竞技水平也从被人虐的菜鸟一路飙升为随意虐人的资深玩家。又是什么带来了你 DOTA 竞技水平的突飞猛进？学习兴趣嘛！但学习兴趣是怎么对我们产生影响的呢？

我们大脑中有个部位叫杏仁核，它能产生、识别并调节情绪，还能控制学习和记忆。当遇到兴奋的物体或事情时，杏仁核就会分泌一种叫多巴胺的神经化合物。多巴胺可以激活大脑的奖赏回路，让你产生兴奋快乐的感觉，这就是所谓的多巴胺奖赏。

据目前已有的研究结果，多巴胺奖赏是兴趣产生的重要前提。比如尼古丁、酒精、网游等可以刺激多巴胺分泌，令人兴奋和愉快。随着兴奋增加，多巴胺的分泌水平会迅速下降，于是人们为了体验到同样愉快水平的感觉，就会加大尼古丁、酒精和网游的刺激，如此反复，吸烟、喝酒、玩游戏的兴趣就形成了。

直接兴趣与间接兴趣

既然知道多巴胺奖赏是兴趣形成的关键，那么根据刺激多巴胺分泌的来源不同，可以将兴趣分为直接兴趣和间接兴趣。

直接兴趣是什么呢？反映在学习上，就是热爱学习对象本身！换句话说，就是享受学习的内容和状态。直接兴趣的刺激强烈而短暂，比如你最近疯狂迷恋上了弹吉他，但很可能只有三分钟热度。如果对学习某种事物有直接兴趣，那就是一种可遇不可求的幸运（所谓的天赋），这意味着你可用更少的意志力取得更佳的学习效果。

而间接兴趣，反映在学习上，就是对学习带来的结果和价值更感兴趣。女神喜欢弹吉他，所以我最近也喜欢上了吉他。间接兴趣相比于直接兴趣，绕了一个弯儿，刺激反应不够强烈，而且必须经历兴趣培养期，却更为持久，也是我们不依赖于客观天赋能够自我控制的一种兴趣。

已经知道了兴趣形成的机制，也明确了直接兴趣和间接兴趣的区别，那么到底怎样才能形成自己的学习兴趣呢？

找到直接学习兴趣

直接学习兴趣主要来源于我们的生物本能，当然也有是幼童时期形成的后天本能，它无须培养，而是已然存在的天赋，这时候我们要做的就是把它挖掘出来。如何挖掘呢？唯一的途径是广泛地阅读和经历。

京剧演员王珮瑜在《奇葩说》里面分享说："世界上只有两种人：一种喜欢京剧，另一种不知道自己喜欢京剧。"虽略有夸张，但也颇有道理。假设一名资深的DOTA玩家，重生在了中国一个很偏僻的山村，连电都没有，他又怎么能知道自己对DOTA有兴趣，甚至还很有天赋呢？大多数天赋都是因为没有机会去感受去尝试而白白浪费掉了。因此，在学习上，我们千万不要将自己束缚在固定的学科和领域内，而要多涉猎一些其他专业和学科的内容。

创造间接学习兴趣

直接兴趣可遇不可求，更多时候因为客观条件限制，我们上了一个自己不是很喜欢的专业，学习一些不是很喜欢的知识或技能。这种情况下又要如何去做呢？方法很简单，就是将学习结果与本能欲望——食欲、爱情、虚荣、金钱等挂钩。

就拿总也学不好的英语为例，如果有了一个金发碧眼的美女（或深眼高鼻的帅哥）作为追求对象，是不是很容易就能讲一口流利的英语了呢？或者，国外总部负责人要来视察，上级需要提拔一位员工作为接待主任，事情如果办成的话薪资至少可以翻一番。但你的英语是短板，这时候你会怎么做呢？相信 90% 的人都会马上去恶补英文。

维持长期的学习兴趣

无论是找到直接学习兴趣，还是创造间接学习兴趣，其实都只是激发了一个相对短期的兴趣，会随着时间的推移，以及学习中的种种障碍逐渐消磨殆尽。怎样才能维持长期学习兴趣呢？有两个主要的办法。

持续的速赢驱动

兴趣被激发后，如果接连碰到挫折，则会迅速消亡，这是负向激励；而如果每周甚至每天都能有成就感，兴趣就会被持续加强，这是正向激励。因此，针对中长期的学习内容，我们要设计好速赢（Quick Win）点，即将长期的、有挑战的目标拆分为每周的、稍微跳一跳就能达到的目标。

以三年考过注册会计师为例，可以将前 4 周的目标设置为每周学习《会计》的一个章节，且每章后面测试题正确率 60%。在稍微努力就能做到的前提下，逐步加大为每周学习两个章节，测试题正确率 70%。通过这种方式，大脑持续得到正向激励，就能相对轻松地坚持下来。

树立远大的志趣

兴趣对学习的驱动可以分为三个层次：有趣、乐趣和志趣。我们对新事物的好奇属于有趣，来得快也消得快；对某类事物或活动的爱好属于乐趣，有一定的专一性和坚持性，但以上两种都无法保证学习兴趣的持久性。如果能与远大的理想和目标相结合，兴趣就会成为志趣，志趣是学习兴趣的归宿，志趣可以决定一个人的进取方向，奠定事业的基础。比如以成为一名优秀外交家为目标，与通过六级考试为目标相比，同样在学习英语的道路上，一定是前者更能坚持，也更能够学得深入。

综上，学习最大的动力是兴趣，兴趣源于多巴胺奖赏。这种奖赏可以来自事物或活动本身的特征（直接兴趣），也可以来自活动的结果或意义（间接兴趣）。

我努力了，为什么考试还是通不过！

文 / 宋娜

考试失利，原因何在

"我这次PMP（项目管理专业人士资格认证）考试又挂了！你怎么样呀？"PMP成绩刚出来，我便收到了朋友小诗这条附带着哭泣表情的微信消息。

"我，过了。"

"啊？你不是刚出差半年才回来吗？考一次就过？！我不服！"

"……"

"有没有天理啊！你知道我有多努力吗？从报名那天开始，我一天课都没落下过，习题也做了无数道，还自己买了其他的习题集……"

我努力了，为什么考试还是通不过？仔细想想这句话的逻辑，稍稍翻译一下就是：我努力了，考试就应该通过。这话就跟"努力就一定会成功"一样，本身就是伪命题。那么，既然光靠努力不行，面对学习和工作中为数众多的应试考试，我们又该如何应对呢？

病症一：目标不明

应试考试以高考为分界点可以分成两个阶段，高考及高考之前的考试一般不会存在目标不明的情况，这个时段的考试就是为了考高分、为了升学；而高考之后的考试除了大学里为了学分不得不考的那些之外，其他的都是可以自由选择的，这时有些人就会出现目标不明的情况，大致表现为：当被问到为什么考证时，他／她的回答常常是"别人都考了，我也考一个"或者"听说这个证含金量挺高的"之类，跟风考证或盲目考证的情况在大学尤为严重，更有甚者在工作之后还不能摆脱这种境况。

努力本身并没有错，但没有目标的努力就犹如蒙着眼睛奔跑，方向错了，即便跑得再远也没有办法到达目的地。

病症二：计划不清

很多人不愿意做计划，嘴里念叨着"计划赶不上变化"，并以此为理由让自己肆无忌惮地懒下去。

我有一个姐妹身材比较圆润，在这个以瘦为美的时代，圆润的妹子无疑是市场冷淡的，每次看到诸如"×××都瘦了、×××也瘦了"的励志新闻时就高呼着"姐要瘦成一道闪电，靓瞎你们的……"，信誓旦旦跟我承诺半年之内要瘦10公斤，让我督促她运动。我建议她做个计划表，定下每周运动几次，每次运动项目是什么，运动时间是多长，然后严格按此执行，她只用那句"计划赶不上变化"就华丽丽地拒绝了我。以下是该妹子为减肥做出的努力：

第一天：晚上在小区里跑了3公里；

第二天：以"前一天太累了"为由要求休息；

第三天：被我拖着在小区里走了一圈；

然后，就没有然后了。

病症三：学不得法

应试考试不同于以应用为目的的其他考试，应试考试大多有考纲，老师还会告诉你必考内容里哪部分是重要的，可是总有人不分主次轻重，眉毛胡子一把抓。

印象深刻的是高中时期的一个同学，别人学习的时候他在学习，别人玩的时候他也在学习，还特别喜欢请教问题，可是问的问题十有八九是课外练习题里的超纲题，结果模考成绩大都不理想。

应试考试，如何应对

应试教育及因应试教育而生的应试考试已经被无数专家学者和普通大众批评无数次了，然而在大趋势尚未改变的今天，作为普通小众的我们还是不得不对应试考试做出应对。

当然了，我要讲的绝非"先易后难、先熟后生"或"三长一短选最短，三短一长选最长，长短不一要选B"之类的考试技巧，而是一套实用的应用框架思考和学习的备考方法。下面我们就一起来看看这套方法应该怎么用。

应对一：能力树中找节点，对抗目标不明

建议你看《请将你的能力长成一棵树，而不是一片草》《如何构建完整的知识体系框架？》两篇文章，然后立即依文中所言对自己来一次全面深刻的剖析。

当你有了自己的能力树之后，就会知道，即将要参加的这场考试位于能力树中的哪个节点上，这场考试能带给你的价值自然也就不言而明了（见图4-13）。

应对二：应用框架定计划，对抗计划不清

实际可行的计划可以在一定程度上治疗懒惰（懒癌重症患者请自行加强治疗），制订计划之前请先催眠自己"这个SMART的计划来自SMART的我，严格执行这个计划是对自己的尊重，如果当日的计划没有完成，那就不吃饭不睡觉也要完成它"。

我外甥2016年参加高考，备考时我曾用这个方法为他制订过学习计划。现在，他正在一所重点院校就读。

确定时间目标和空间目标。

时间目标：时间目标的确认很容易，你只需要确认从制订计划的时点到考试那天一共有多少天及每天你能抽出多少时间来学习。我外甥找我的时候是2016年2月28日，从那天到高考粗略计算是

14 周，每天除课堂时间和完成课堂任务的时间外能自己支配的时间平均不超过 2 小时。

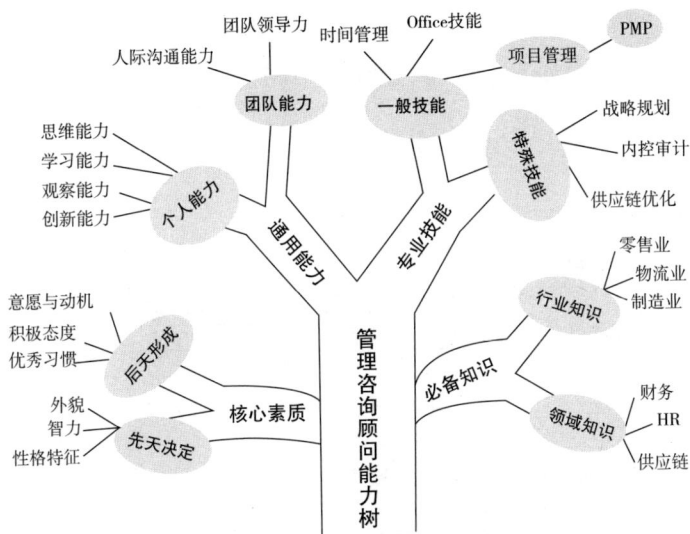

图 4-13　咨询顾问能力树举例

空间目标：空间目标的确认需要你对自己的现状进行分析。以我外甥为例，他是理科生，高考要考的科目包括语、数、外、物、化、生，我帮他把这些科目分成三类：

- 数学和化学成绩很好，无须再做多余的练习；

- 语文水平一般，但至少不会拖后腿，而且这个学科也不太适合临时抱佛脚；

- 英语、物理和生物成绩相对较差，提升空间很大。

利用框架对目标进行分解。

经过上面的分析，我想你已经知道这 14 周的时间应该花在哪里了，没错，就是英语、物理和生物，然后根据这三个学科各自的特点，简单做如下二次分解（见图 4-14）。

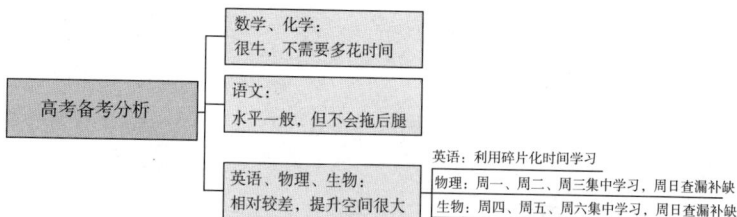

图 4-14　分解框架

你也可以将最终的分解结果进行如下展示（见表 4-4）。

表 4-4　框架分解结果展示表

周一	周二	周三	周四	周五	周六	周日
物理						查漏补缺
			生物			
英语						

执行过程更新计划。

计划制订出来后就需要切实执行了，不过计划并非一成不变。例如，在计划执行过程中，你发现生物的知识点比物理少得多，需要花的时间也少得多，那你就需要对计划进行适当调整。

应对三，应用框架巧学习，对抗学不得法

不知道你有没有看出来，经过第二步得出的计划实际还只是一个粗略的计划，因为它并没有告诉你第一周的前三天你应该学物理里面的哪个章节。

"这个简单，把物理书拿过来，一共多少个章节，除以14不就行了吗！"我外甥是这么回答我的，回想一下每次考试之前你是不是也是这么看书的。如果是，请你立即、马上、赶紧丢下这种做法，和我一起获得新技能吧！

圈出整体框架。

如果是教科书，你可以直接画出书的整体框架。如果是从来没接触过的书，我建议你先快速浏览一遍，然后整理出书的框架，以物理书为例（见图4-15）。

识别"重点内容"。

画出整体框架的目的是为了让你能快速识别出重点内容，这里所说的重点内容并非课本里的重要知识点，而是你的提升点，你可以根据重要性—掌握程度二维矩阵对所有知识点进行分类（见图4-16）。

重点突破。

识别出重要内容后，就请集中精力各个击破吧！你可以把识别出的重要知识点均匀分布到整个时间范围内，并按照知识点查找相关资料。如果想要更进一步，可以尝试把所有知识点连成一张网，这张网将成为你的知识地图。

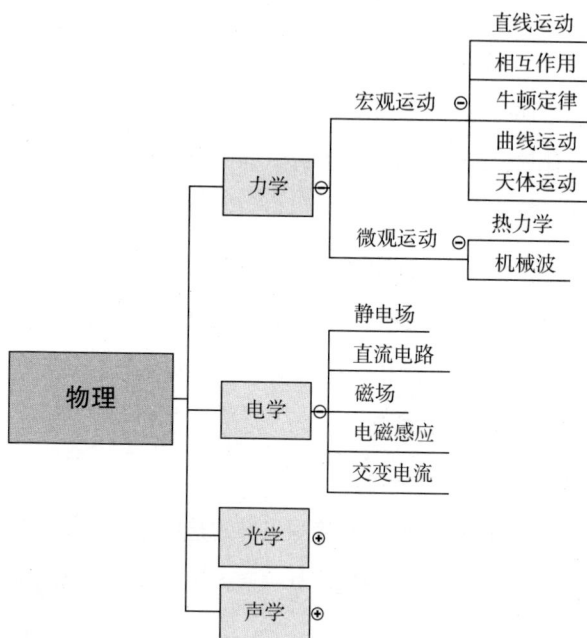

图 4-15　物理书框架

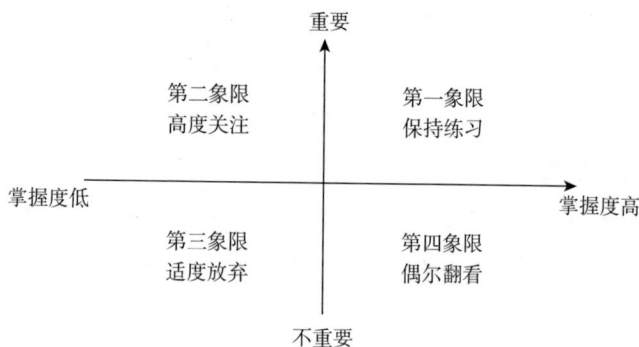

图 4-16　知识分类

日本经营之神稻盛和夫说"人生·工作的结果 = 思维方式 × 热情 × 能力",这个公式只要稍加转变就可以变成一个很好的应试指南:"考试的成绩 = 思维力 × 努力 × 智力",从这个公式中可以看出考试成绩的三个构成要素:

• 智力:我并不认为作为普通大众的我们在智力上会存在很大差别,换句话说,智力要素是三要素中最无关紧要的一个;

• 努力:以上我所讲的方法并非什么捷径,它一样需要建立在努力的基础上,所以那些想不努力就取得成绩的人,此文对他们不会有任何帮助;

• 思维力:即框架,一种思考和学习的方法,我相信只要你足够努力,即使没有这种方法你也能通过考试,但使用这种方法无疑能让你达到事半功倍的效果。

利用以上的框架学习方式,我们 YouCore 王老师曾创造过 7 天以第二名的成绩通过 MBA 考试的惊人战绩,本人表示:对此惊人之举无法望其项背。然而平庸如我,也能在两周内轻松通过 PMP 考试。这就是框架的力量,一点都不神奇,我用我行,你用你也行。

看《摔跤吧！爸爸》，你学到习惯如何养成了吗

文 / 谭晶美

为什么习惯难以养成

电影《摔跤吧！爸爸》讲述了曾经的摔跤冠军辛格培养两个女儿成为女子摔跤冠军，打破印度传统的励志故事。我印象比较深的一个细节是，两个小女孩要坚持每天早上 5 点钟起床训练。反观我们，想要每周读一本书，但是迟迟未实施；想要每天早起，就是一直做不到；想要练好一口英语，却总是没有进步……

你是不是也有过类似感觉，想要养成一个新的习惯或者训练一种新的技能，无奈想要改变太难了，每次反思自己都悔恨不已，痛恨自己为什么没有按照计划执行，一次次否定自己……

早在几十年前，心理学家基思·斯坦诺维奇和理查德·韦斯特就已经提出，我们的大脑中存在两种系统：系统 1 和系统 2。

系统 1 的运行是无意识且快速的，不怎么费脑力，没有感觉，

完全处于自主控制状态。

系统 2 的运行需要费脑力思考且相对更慢，如复杂的运算。系统 2 的运行通常与行为、选择和专注等主观体验相关联。

我们的习惯往往是由系统 1 来支配的，想要养成新的习惯，就需要通过系统 2 来控制系统 1，逐渐重构系统 1 的状态来完成。但通过系统 2 来控制系统 1，会导致大量的自耗，往往让我们感觉非常困难。

拿早起这件事情来说，如果你习惯了每天早上 8 点钟起床，当 5 点钟闹钟吵醒你的时候，由于睡眠不足，困倦不已，系统 1 就会快速提示你再睡一会儿，如果你想要早起，就需要系统 2 绞尽脑汁，想出各种理由促使你从床上起来……

所以我们改变习惯的本质就是改变系统 1 的过程，让原本需要系统 2 花时间、费力思考的行为转变为系统 1 自主控制的行为，这样我们就不会在 5 点钟起床的时候痛苦不已了。

如何利用系统 1 养成习惯

既然我们知道了大脑运作的特点，就知道该如何下手才更有助于习惯的养成。习惯的养成往往需要一个周期，如果在这个周期中，我们能够在每次改变行为发生时，适当降低系统 2 思考的时间，或者干脆利用系统 1 来做决策，习惯的养成是不是就会变得更加容易了呢？

当我们的改变行为发生时，不再需要系统 2 的思考，而是由系统 1 直接做决策的时候，说明我们的系统 1 状态已经被重构了，习惯也就顺利养成了。

选对驱动力

驱动力就是我们为什么想要改变原有某个状态、养成新习惯的源头。如果是外界强加给我们的驱动力，大脑是需要系统 2 经过思考来接受并做出反应，如果是我们内在的自发驱动力，则不需要系统 2 做过多思考，会直接由系统 1 做出反应。

电影中的两个女儿最初练习摔跤是因为父亲的梦想：让印度也可以有国际摔跤冠军。在父亲的逼迫下，她们不得不每天早起训练、控制饮食，但终究心里是不情愿的，只要有机会就和爸爸进行反抗。就在爸爸已经无奈快要放弃的时候，她们因为受到好友触动，意识到摔跤真正能给自己带来的意义时，不再需要父亲逼迫，主动早起训练……最终实现了父亲的梦想，也实现了自我的价值。

如果原始驱动力选择不恰当，我们是很难真正有效改变的。为什么有些人即便在父母的严厉鞭策下考到了好大学，但在没有父母鞭策的环境里就一蹶不振，肆意妄为了呢？原因很可能就是原始的驱动力并非来自自己。"假大空"的标语是没办法促进我们的系统 1 快速思考做出决策的。

让改变可视化、可量化

两个女儿日复一日地训练，是希望有朝一日能够夺得世界冠军，实现自己的价值。而在这个单调、重复的过程中，有父亲不断为她们设定的可视化目标：参加各级比赛，来检测自己的训练成果。假设没有这一路进阶打怪的赛段，姐妹俩每次训练前都要给自己盛碗鸡汤：为了实现自己的价值！这样的口头宣言是否太过无力，这样的习惯又能坚持多久呢？同样地，我们无论坚持做什么事情，最重要的都是让自己拥有看得见的改变。一来检视自己是否真的在进步，二来给未来的自己增加信心。比如减肥这件事儿，如果每次都只是告诉自己要减肥，每次在行动之前都需要系统 2 做大量的思考才能转化为有效达成减肥的小举动，我们不如直接告诉自己别吃巧克力，甚至别买巧克力了，这样简单明了，我们不需要每次都做过多的思考行为，更容易达成减肥的目的。

降低改变的程度

《摔跤吧！爸爸》中的搞笑担当绝对是叔叔家的大侄子，当然他还有另外一个身份，就是代表了男性摔跤手，因为胜了他，父亲第二天就带着大女儿去参加了人生第一场正式比赛。依照父亲作为前国家摔跤冠军的身份，他应该是能够找到更为强壮的专业选手来挑战的，但是他选择了更为柔弱的侄子来和女儿们陪练。

我们无法断定父亲的具体用意，但是与侄子间的成功挑战明显增强了大女儿的自信，而这种自信让她在第一场比赛中就敢于挑战四个男性摔跤手中最为强壮的一个，也为大女儿最终靠进攻策略赢得国际冠军埋下了伏笔。

任何成功的挑战或是改变，都需要一个循序渐进的过程，设定过高的要求往往需要系统 2 通过大量努力来完成。系统 2 也是有脾气的，久而久之，不但不会促使完成改变，很可能就失去行动的动力了。

记得大学刚毕业那会儿，我想要练习英语口语，需要扩充词汇量。一开始为了能在短时间内掌握全部四级词汇，设定了每天背80个单词的计划。几天下来，我没有一天完成计划，记忆效果也非常差，后来索性就丢掉没再背了，计划也泡汤了……

后来通过总结反思，我觉得是自己设定的目标过高，每天还有必须完成的工作要做，根本不可能实现，就调整成了每天背30个单词。我可以利用每天早上起来坐地铁，中午午休之前的空闲时间完成任务，几个月就坚持下来了。

给予每次行动小鼓励

大女儿在第一次和侄子摔跤失败后，父亲用自己的威力压下了侄子的"挑衅"；大女儿在第一场正式的摔跤比赛失败后，父亲摸摸她的头说"没关系"，每次鼓励都让女儿感受到自己之前付出的辛苦都是值得的。而后续爸爸带着女儿去参加各种摔跤比赛，也是同样通过比赛获胜的满足感来持续激励女儿进步。

拿养成读书的习惯来说，为什么我们提倡以应用为目的的阅读是最能够帮助我们进步并持续保持的呢，原因就是以应用为目的阅读往往可以马上把获取的知识学以致用，从而获得成就感，激励了下次阅读的动力。

单纯依靠长期目标的收益来激励自己，并且每次都可以按照计划执行，那是需要很大的自控能力才能完成的。我们大部分人都是普通人，经常想要放纵自己，更何况我们的系统 1 也无时无刻不在帮助我们放纵。为了能够更有效地抵御系统 1 的诱惑，我们每次都需要给自己完成改变行为的激励，这样才能让自己内心产生满足和愉悦感，促使下次有更强大的动力去与系统 1 做抗争。

伟大的电影不只在精神上引导大家，而且能够在细微之处让我们发现生活的本质。如同摔跤手们在日常训练中需要掌握技巧，我们在做任何事情时同样需要掌握方法。而想要养成更多好习惯，就要先知道到底是什么支配了习惯，才能做到从本质入手，否则只能是治标不治本。

关于碎片化学习，看这一篇就够了

文 / 王世民

我是怎么碎片化学习的

大约从 7 年前起，凡是跟我认识一段时间的人，经常会问我两个问题：

"你每天事儿那么多，怎么还有时间学习这么多新东西？"

"我们一起学习的，为什么我都忘得差不多了，你却用得挺得心应手？"

在创办 YouCore 前，每次被问到上面这两个问题，我要么是谦虚地回答"哪有哪有，大家都差不多"，要么就是稍微傲娇一点地讲"可能我比较会学习吧"。其实，我心里也不是很清楚我是如何做到这两点的，似乎很自然就这样了。

时间到了 2014 年年底，当我着手从事个人可迁移能力（通用核心力）的课程研发后，我发现其实这两个问题的答案很简单：

我能够在碎片化的时间里系统地吸收碎片化的内容；

我知道如何以最少的重复将理论内化为自身习惯。

所谓碎片化的学习，有两层基本含义：一层是碎片化的时间，一层是碎片化的学习内容。

第一，时间的碎片化。移动互联技术的发展，在便捷了每个人沟通的同时，也让每个人可以被随时打扰，对于大多数职场人士而言，能有 4 小时以上的整段时间恐怕已经是一种奢望。

第二，学习内容的碎片化。海量信息社会，大量有用的精华信息夹杂在无数的碎片中，同时各类微课也层出不穷，碎片化的学习内容正变得越来越多。

碎片化已经是一个发生的事实，无论你愿不愿意，都必须适应这种方式学习。可惜的是，有人适应不了碎片化的时间，看到一个学习内容很好，心里想着我最近没时间，等过几天有大段时间了再来学，然后，就再也没有过时间。有人迷失在了碎片化的内容中，上班的路上听着喜马拉雅 App，工作间歇刷着微课，下班的路上听着英语，碎片化的时间用得很充分，结果是好像学了很多，但似乎啥能用的都没有。

如何才能做到有效的碎片化学习呢？最有效的学习方式应该是在碎片化时间里，做到体系化的学习。我给这种方法起了个名字：体系化碎片式学习。

体系化碎片式学习，具体有三个步骤：

第一步，定一个应用目标。

这个目标是 3 个月的也行、一年的也行，不要担心目标万一不是自己想要的怎么办。因为定这个目标的最大价值不在目标本身，而在于以这个目标为导向，实现知识和能力的融会贯通。没有目标，就会永远停留在浅层学习上。每天刷着知乎、听着得到，看似好像什么都懂，实则啥都不会！

第二步，建立知识体系框架。

从应用目标出发，分解出实现这个目标所需的知识，并组织为一个系统的框架。能否构建出一个应用导向的知识体系，是碎片化学习是否有效的基础。

没有这个框架，即使是整段的学习，你的知识也会是零散的。想想你的大学经历，学了 4 年，你能告诉我你的知识有体系吗？

第三步，碎片化输入、体系化积累。

有了知识体系后，无论学习时间多么短、学习内容怎么碎片，你都可以根据应用需要，将碎片化的输入内容，系统地填充在知识体系的相应位置。有时候，哪怕是完整的学习内容，你也要将知识打散，再分别填充到自己的知识体系中去。

应用知识的学习，最忌讳原文照搬或收藏，因为我们的大脑很容易被欺骗。比如看到一篇微信文章觉得不错，点击了收藏，这时大脑就会产生有收获的满足感，因而你基本就不会再看这篇文章了，更谈不上会用了。更有效的做法应该是在碎片化的 5 ~ 10 分钟时间里，理解文章的内容并将它打散，重新填充到自己的知识体系中去。

我就是通过上面三步，做到在碎片化的时间里系统地吸收碎片化内容的。其实，只要掌握了体系化碎片式学习的这三步，你也可以轻松做到这一点。

如何以最少的重复形成习惯

体系化碎片式学习，除了让我再忙都有时间吸收大量的新知识外，还有一个重要作用，就是让我以最少的重复形成习惯。

应用型知识如果不能转成思考或行为习惯，跟没学基本没啥区别，也就是老子说的"中士闻道，若存若亡"。不幸的是，受限于意志力、可练习时间的限制，大多数人都很难坚持重复以形成习惯，成了众多"中士"的一员。

上士闻道，勤而行之；

中士闻道，若存若亡；

下士闻道，大笑之。

——《道德经》

不过值得庆幸的是，因为天然的高频率、短时间重复的特点，体系化碎片式学习无意中为习惯的养成提供了一个非常好的途径。

无需意志力

每一次的碎片化学习其实都是被动重复的，比如某个知识在看某篇文章时又提到了，在听某段音频时又提到了，不再依赖意志力强迫自己去主动复习。这种被动重复次数一多，就很容易推动习惯的形成。

高效复习

在体系化碎片式学习方法下，每一次碎片学习，都要将内容归到知识体系对应的位置中，因此每一次其实都是对相应知识体系的回忆与复习。

运用这种模式的学习方法，既大大克服了无法抽出整段时间学习的限制，又克服了复习效率不高的问题，可以用最少的重复形成习惯。

比如，我在运用体系化碎片式方法，学习如何拟文章标题时，就充分感受到了上面的两个好处。我除了一开始花了大约一小时，建立了一个标题命名自检的框架外，没再单独花任何时间，不到 15 天，就养成了文章标题命名的习惯：形式上要满足"这最好玩"、内容上要满足四大社交筹码。

这 15 天内，我做的无非是在看到任何阅读量高的文章或视频时，都将这些标题往"这最好玩"、四大社交筹码里套一下而已。这个习惯形成后，对 YouCore 公众号的阅读量提升产生了很大的帮助，提高超过了 150%。

做到体系化碎片式学习的关键

体系化碎片式学习这么有效，怎样才能掌握呢？

其实，这套学习方法的核心在于两个：

第一，能否构建出一个优秀的个人知识体系框架。

这个框架需要严格以应用为导向，同时需要结构完整、逻辑清晰。因此，你在运用的时候，务必对个人知识体系框架的建立充分重视。就好比，如果我没能建立一个优秀的标题命名框架：形式上符合"这最好玩"、内容上满足四大社交筹码，后面再多的碎片化重复其实都意义不大。

第二，学习前期能有足够的碎片化重复机会。

虽然在海量碎片化信息中，遇到同样知识点的次数远远大于传统的一整段学习，但如果遇到的重复次数不够，对习惯养成的助推效果就会一般。因此，在学习前期要主动寻找相关知识点多的碎片内容。

没有体系化的碎片学习，不但学习效果无法保证，而且还浪费了大量的时间、精力。如果能做到体系化碎片式学习，你就可以用最少的重复，将理论内化为自身的习惯！

What？！ 10 个用户需求竟然 9 个是假的

文 / 王世民

谎言导致的"需求误导"

昨晚，多年没感冒过的太太跟我说她去楼下药店没买到"白加黑"，结果在离家 500 多米的药店买了一盒板蓝根回来。

我很好奇："楼下药店不也有板蓝根吗？跑那么远去买干吗呢？"

她说楼下药店告诉她没"白加黑"，离家远的那家药店虽然也没"白加黑"，但却告诉她这点小感冒喝板蓝根就行了，于是就在那家买了。

听完后，我立马联想到白天时公司一位小顾问在客户现场跟我抱怨的事，说调研时某经理告诉他本部门流程和制度齐全，结果他访谈负责的副总时提及此事，被一通狠批：我昨天才批他们没流程、没规范，你的调研都是怎么做的？！小顾问委屈得都想哭了。

无论是太太买"白加黑"的事，还是小顾问调研不实的事，背后都告诉了我们一个有悖常识的道理：所谓"用户（客户）需求"，十之八九都是假的！那么，为何90%的客户需求都是假的呢？主要是因为需求误导和需求无知两大原因。

需求误导主要是由用户撒谎甚至欺骗导致的。《逻辑哲学论》作者、著名哲学家维特根斯坦曾说过，"一个人懂得太多就会发现，要不撒谎很难"。我们所有人都会不经意地撒谎，这是自孩童时代就开始的。

科学研究显示：两岁时20%的儿童会说谎，3岁时这一数字达到50%，4岁时接近90%，12岁时这一曲线达到顶峰，几乎每个孩子都说谎。孩童时代撒过谎并不代表今后会成为骗子，学会说谎是儿童智力成长的重要步骤，撒谎技术很高的孩子往往具有较高的认知能力，这样他们才能让自己的谎言听起来可信度高。一般来说，思维呆板，缺乏应变性和适应性的孩子是不易说谎的。（引用自加拿大多伦多大学儿童研究所测试。）

现在我们知道其实人人都会撒谎，但也不是任何谎言都会造成需求误导，比如利他性谎言（就是传说中的"善意的谎言"）：等好久了？没有，我也刚到；医生，我只能活一个月了吗？怎么会，您身体健康着呢。造成需求误导的，主要是三种谎言类型。

防卫性谎言

何谓防卫性谎言？防卫性谎言是为防止自己的利益（金钱、名誉、爱情等）可能被侵害而讲的谎言。比如公司年会发了20万元现金奖，上了出租车后，司机问你怀里什么东西啊这么鼓鼓囊囊的，你是回答20万现金，还是回答给女友买的烤红薯怕凉了？这些谎言是人之常情，可以理解，若这些谎你都不撒一下，那你非圣贤即二货（圣贤太少，估计还是二货居多）。

同样，用户也好，你的客户也好，是圣贤和二货的概率都不太高，因此在不确定你是敌是友前，必然会撒一些防卫性的谎言。譬如我们小顾问访谈的部门经理，在明知道调研报告会被上报的情况下，必然会更倾向于告诉顾问自己部门的流程和制度是完善的；再比如做某高中教学 App 设计时，假如你问学生是否愿意让老师实时地追踪他的作业完成的进度，大多数情况下为了避免你给老师报告不利的情况，他肯定会告诉你自己很乐意，哪怕心中其实一万个不愿意。

牟利性谎言

何谓牟利性谎言？牟利性谎言是指人们通过炫耀来抬高自己或掩盖不足，以获取眼前利益（金钱、荣誉、爱情等）的谎言。比如绝大多数人都会在所谓的经验分享和事迹报告中撒谎，美化、理想化自己，以享受别人仰慕的目光（请自问你是否也干过）；几乎所有的名人传记在叙述童年时，都有意无意地矫饰自己的努力或天分；再有唐骏的学历造假、明星粉饰成名前的经历、上市企业谎报公司业绩等，牟利性谎言简直无所不在。

因此，我们在采集用户（客户）需求时，务必注意所采集的需求是真实的，还是被牟利性谎言扭曲了的。比如领导安排你统计公司天猫店消费者对产品的满意度，你直接反馈了一个用户留言好评率高达 99.9% 的数据，你觉得领导会不会被你坑了呢？在统计这个好评率数据的时候，一定要留意公司是否推行了类似发好评返优惠的活动，弄不好 30% 的消费者都很不满意你们的产品了，只是为了贪图 5 元、10 元的小利违心给了好评；再比如你是某公司 HR，调研是否需要培训时，员工从谋取培训福利出发反馈给你的答案几乎全部是需要的，当你安排培训日程时就会疑惑到场率为何只有不到50%。

游说性谎言

何谓游说性谎言？游说性谎言是指以谎言操纵他人，通过侵害他人利益以达到谋取自己利益等目的，比如欺骗钱财、作弄他人、哄骗选票、推销伪劣产品等。这种谎言在当今社会极为普遍，上至总统候选人，下到小商小贩。比如搞传销的，会给成员散播仅需投资 28888、三个月就能有十倍回报，并且谁谁谁都赚钱了的谎言；再比如一些搞不法股票资讯的，会以提供内幕消息为由欺骗股民交会员费或打钱给他们代投资等。

正常情况下，C 端用户或消费者几乎没有讲这类谎言的动机，此类案例基本都发生在 B 端客户身上。比如，我曾遇到某客户副总因为老板最终选择了一家不是他中意的供应商，就主动跟项目组套近乎，散播假消息以求项目失败。万一碰到这类客户，务必万分小心应对他所提出的需求。

现在你知道了在无所不在的谎言包装下，我们听到的用户（客户）需求大多是被扭曲的。那么，如果你碰到的用户都是从不撒谎的圣人或二货，他们传递给你的需求就是真实的吗？不一定！

不知道自己要什么的"需求无知"

即使需求未经过任何谎言的包装，依然会因为用户自身对需求无知而导致假需求的产生。造成这种需求无知的原因主要有两种：

大脑喜欢给出初步解决方案

人是智慧生物（在生物学上，我们也大言不惭地给自己起了个"智人"的名号），我们的大脑在遇到问题的时候，第一反应就是找原因或应对措施。因此，我们抛给别人的问题或需求，或别人抛给我们的问题或需求，往往都不是问题本身，而是问题的初步解决方案。

——引自《思维力：高效的系统思维》

这种现象，其实广泛存在于我们的工作和生活中。就像我太太，大脑基于三四年前的记忆，感冒后立马给出了买"白加黑"的解决方案，因此到药店后才会直接问有无"白加黑"，而非她真正的问题——是否有缓解感冒的方法。

再比如，你碰到过朋友请你帮忙找工作的事吗？如果碰到过，相信有 90% 的可能是你的朋友为某个问题提出的初步解决方案，问题可能是最近缺钱了、男朋友被公司派遣到外地了、跟同事处不来了、被老板批评了或者工作压力大了等。因此如果你是真正的朋友，最佳的解决方案并不一定是帮忙找工作，而应是帮朋友直接解决找工作背后的问题（譬如直接打个 10 万元应应急）。

因此，我们在面对用户（客户）的需求时，第一反应不要去做，而要分析出这是初步解决方案还是问题本身，特别是碰到有点自大的半吊子用户时，更需如此。（唉，无知者无畏，半知者上帝啊。）

真的不知道自己要啥

你会不会觉得怎么会有这样的傻子，连自己的需求是什么都不知道？请先自问一句，你工作的目的是什么？赚钱吗，那赚钱的目的又是为啥呢？（通过这个问题是不是发现原来自己就是这个傻子。）正因为人们很多时候描述不出自己到底要什么，才会有乔布斯的经典桥段"消费者并不知道自己需要什么，直到我们拿出自己的产品，他们就发现，这是我要的东西"。

有些人说："消费者想要什么就给他们什么。"但那不是我的方式。我们的责任是提前一步搞清楚他们将来想要什么。我记得亨利·福特曾说过，"如果我最初是问消费者他们想要什么，他们应该是会告诉我，'要一匹更快的马！'"人们不知道想要什么，直到你把它摆在他们面前。正因如此，我从不依靠市场研究。

——引自《乔布斯传》

因此，虽然我们总是说客户就是上帝，但其实我们口中的"上帝"大多数时候真的不知道自己要什么，需要我们帮他们去一点点地引导、挖掘出来。

90%的情况下，客户的需求其实是假的！这是不是与你的常识相悖呢？

需求误导的应对之道1：用事实修正用户的显性需求

当一个人为了防止自己利益免受侵害或者为了谋求更多个人利益时就会撒防卫性谎言或牟利性谎言，这两类谎言导致的需求误导有一个共同特征：即他们会基于一定的事实，但口头所讲与事实有所不符。因此，破解这类需求误导的方法就是自己找寻事实而非听信用户的说法。

具体如何去找寻事实呢？三大方法：亲身实地体验、采集一手信息、观察用户行为。

亲身实地体验

最理想的亲身实地体验是自己其实就是目标用户之一（比如某

著名纪实作家亲身体验创作对象的生活6～12个月），不过受限于时间、成本等资源条件，绝大多数情况下我们都没有这样理想的机会，因此使用最多的就是跟班体验和角色想象代入。比如我们在前面提到的设计高中教学App的案例，学生为了避免你给老师报告不利的情况，在实际不乐意的情况下也会告诉你愿意让老师实时地追踪作业完成的进度。修正这个因防卫性谎言而扭曲需求的方法之一，就是跟着几个学生一起做作业、交作业，实地体验学生真实的感受。

再比如因牟利性谎言而扭曲需求的案例，员工从谋取培训福利出发反馈给HR需要安排培训，实际培训时并不到场。修正这个需求的方法之一，就是将自己完全代入为对象员工的角色或做三天跟班体验，这样你就会知道对象员工是否真的需要你安排的培训，以及是否有足够的动力和条件来参加培训了。

采集一手信息

找寻事实的第二个方法就是尽量采集一手的信息，而非听说的或被加工的信息。譬如YouCore小顾问访谈的经理，在本部门流程和制度明显不完善的情况下，却告知是完善的案例。破解之道其实很简单，访谈结束后立即请其提供部门原始的流程、制度资料，只要资料交不上来，或者交上来的资料明显缺漏，很容易就能避免这类防卫性谎言的误导。再比如不小心用天猫用户99.9%好评率坑了领导的案例，只要抽样一定比例的用户出来，做电话回访或面谈以了解他们的真实情况，很容易就能纠正用户为了贪图5元、10元的好评返利而做出的不实反馈。

观察用户行为

找寻事实的第三个方法就是观察用户的行为，而非听信用户的说法。比如客户项目组成员在领导主持的启动会上，都喜欢热情表态一定全力支持顾问的工作。作为顾问的你千万不能相信（硬装"傻白甜"的请自便），而要在项目实际开展过程中观察他们是否及时给你提供资料、是否愿意跟你一起吃便餐等行为来判断是否真心支持。

通过以上三种找寻事实的方法，我们很容易就可以修正因为防卫性谎言和牟利性谎言导致的需求扭曲，从而找到正确的用户需求。

需求误导的应对之道2：识别谎言背后的隐性需求

经过找寻事实修正需求后，我们是否就真正了解用户需求了呢？还不行。经过事实修正的需求只是用户的显性需求，很多时候更有价值的其实是用户的隐性需求。如何识别出用户背后的隐性需求呢？方法就是比较找寻出的事实与用户说法的差异。

我有一个朋友是做保健品电商销售的，卖的主要是壮阳产品、丰胸产品等，他说大部分用户在咨询时都会说帮朋友、亲戚买的。大多数商家只是装傻就算了，但我朋友好好琢磨了这个事实与用户说法差异的原因后，将商品都改为素雅的礼盒包装，而且快递单上收件人电话留店铺客服而非用户的，每到快递临近上门时他们再主动提醒用户准备收件。因为这个保护隐私的举措，他的商品即使价格高些回头客也很多。

比较事实与用户说法的差异，识别谎言背后隐性需求的方法同样很适用于因游说性谎言扭曲的需求。比如我们提到的某客户部门经理故意散播错误信息误导顾问的案例，完全可以做一张敌视与各种套近乎说法的差异比较表，分析出他背后的真实诉求，以便采取适当的对策。

掌握以上修正显性需求和识别隐性需求的方法后，哪怕用户再多的谎言，相信你也不会被虚假需求误导而跳坑了。下面你继续要应对的就是导致虚假需求的另一种情况：需求无知。

需求无知的应对之道 1：5Why 搞定爱出主意的用户大脑

我们了解到大脑在遇到问题的时候，第一反应就是找原因或应对措施。因此，我们抛给别人的需求，或别人抛给我们的需求，往往都不是需求本身，而是需求的初步解决方案。要怎样才能拨开迷雾，找到用户真正的需求呢？这就轮到 5Why 方法上场了。

我太太因为感冒想买"白加黑"，最终反而在离家远的药店买了板蓝根。我们就用这个简单故事了解和回顾 5Why 的用法。

我太太为何想买"白加黑"呢？因为她感冒了。为何她感冒就要买"白加黑"呢？因为她认为"白加黑"有疗效。为何她认为

"白加黑"有疗效呢？因为她三四年前感冒时买的是"白加黑"。

好了，到此为止，我们就知道我太太的真实需求并非买"白加黑"，而是要买一种对她有疗效的药品。抓住她的这个需求，离家远的那家药店成功向我太太推销了板蓝根。通过5Why的方法，多问几个为什么，就能问到更为深层的需求。请注意，5Why并不是一定要问五次，有可能两次，也有可能十次，问到真正的原因或需求即可。

关于错把用户初步解决方案当作需求的情况，我在《思维力：高效的系统思维》一书中还举了"刘小波跳槽"和"某财务总监要求导入前两年半历史数据"的两个案例，深入演示了5Why的实际用法，推荐有兴趣的读者好好阅读下。

需求无知的应对之道2：DIG模型破解用户也不知要啥的困境

用5Why可以搞定错把初步解决方案当作需求的情况，那么需求无知的第二种情况——连用户自己都不知道自己到底要什么，可以同样用5Why来应对吗？这个就有点难为5Why了。

万一用户完全不知道自己到底要什么，我给你强烈推荐全球顶尖的营销专家艾瑞克·乔幸斯瑟勒（Erich Joachimsthaler）提出的"需求导向的创新与成长模型"（DIG模型）。

DIG模型跳出了传统的"找出用户需求，再研发能满足需求的产品或服务"的方式，因为当目标用户不清楚自己的需求是什么，也不知道如何表达自己的需求时，这压根没法执行。换句话说，当整个产品类别根本还不存在的时候，你又该怎么评量需求？因此，DIG模型要求先去挖掘如下信息：

目标用户在每天的工作与生活当中，真正想达成的是什么？

在目标用户每天的待办事项中，有哪几种是经常出现的？

目标用户每天最主要的优先事项是什么？

他们必须完成上述优先事项的背景因素，包括物质面、社交面、文化面和时间面的因素各是什么？

——引自《看出需求，贩卖渴望》

通过上述问题，让自己深入体验用户的日常生活经验，这么做更有可能找出创新的三大构件：用户的目的或期望（而非口头的需求）、用户从事的活动、用户的优先考虑。只有了解了用户的目的、活动和优先考虑，才能对用户的困扰有较清晰的认识，从而找出用户心中真正的渴望。

咨询顾问从业近 30 年，真正读懂他人需求

文 / 陈孝昌

读懂需求是一项最重要的职业技能

我刚入行做咨询顾问的时候，虽然无数前辈跟我强调读懂他人需求的重要性，但可能由于我先天解读外在环境的能力还不错，从来没觉得读懂需求是个挑战，更何况听懂"人话"本就是顾问的基本能力，所以一直觉得这个技能没什么了不起。直到自己当了经理，与同事和下属有了更多的互动，发现有一大堆所谓的精英，只是平时以夸海口、拍胸脯取胜，真正打起仗、干起活来，却经常南辕北辙，抓不到别人痛点，这才明白"读懂需求"是一门非常难的技巧。

根据我近 30 年的顾问经验，要想真正读懂他人需求，最少要有"一进一出"：

进：对他人需求有深度理解；

出：对他人有效的需求引导。

深度理解的六大层次

先说个故事，多年前受江西朋友所托，需要找个优秀老师到庐山上教经典阅读。经过几轮打探，最终寻得一退休的李姓小学老师。据传小孩子上过她的课都心领神会，通俗点讲就是这位老师可以在不知不觉中，把知识点融入学习当中。

上课当天我本人也出席了，李老师上的课叫《小黑猴》，是改写自北宋末年彭乘的作品《续墨客挥犀》卷一里的"香山寺猴"的故事。他让小朋友安静地读了15分钟的故事，后来出了10道题，引导小朋友回答讨论。从课堂上的互动，我感受到了学生高昂的学习情绪，并且被深深震撼了。直觉告诉我，这套方法完全可以用于需求理解和沟通，于是课后向李老师询问有没有可依寻的方法论，得知他教学的整个基础是架构在布卢姆分类学（Bloom Taxonomy）上的。这是美国教育心理学家本杰明·布卢姆（Benjamin Bloom）于1956年在芝加哥大学所提出的分类法，把教育者的教学目标分类，以便更有效地达成各个学习阶段目标，在认知层的教学上，划分为六个阶段——记忆、理解、应用、分析、评估和创作，其实这也是人深度思考的六个过程。

我将其转化成了衡量人对问题了解深度的一个量表，将六个阶段从浅到深划为三个层级：

记忆和理解层级为 know-how level（知道如何做，初级认知层）：在这一层的表征是识别、记忆，并解释所得讯息的含义。

应用和分析层级为 know-why level（知道为何做，中级认知层）：可以触类旁通，应用所知（经验）来问对问题，并将事情进行局部分解以便更深入分析，再重新整合、归纳为新的主体。通过应用、打破、重组，了解到事情背后的真实意义。

评估和创新层级为 know-explore level（重新创造，高级认知层）：基于重组后的新认知，做出新的判断和解读，创建出新的方法（见图 4-17）。

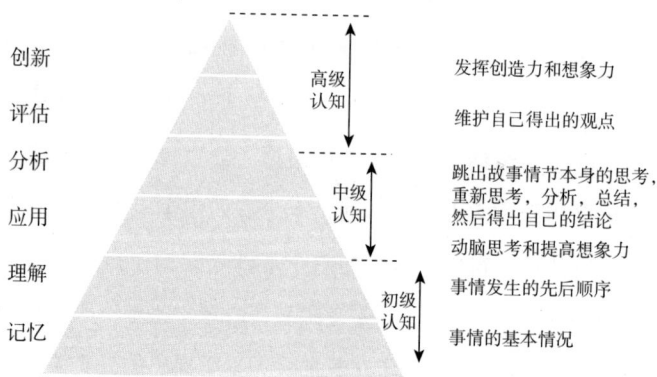

图 4-17 人对问题了解深度的量表

那么该如何运用布卢姆分类法理解需求呢？我们通过一个实际案例看一下。

布卢姆分类法理解需求的案例分析

一重要客户近年来业绩增长进入停滞期，根据以往经验，客户极有可能会寻求外部支持来解决内部问题。手下某售前顾问已投入近一个月的时间，我想了解他对这件事情的掌握程度，就问他：你有多了解你的客户呢？

记忆层级的回答方式

他答：这个月我拜访了客户两次，通过销售的安排，见过人事总监一次，销售总监一次，也和研发副总见面相互交流沟通过。

理解层级的回答方式

他继续说：沟通过程中对方过于客气，得到的信息不够全面。整体而言，有两个信息值得关注：人事总监抱怨找不到有战斗力的人才，研发副总说重要客户期待公司在新技术上要有对应的提升。我查了他们财报，似乎在新业务上，今年没有足够的突破，另外在资本支出上相对保守。

应用层级的回答方式

他接着说：老板，我觉得现在正是我们展现专业的时候，根据以往的经验，用成本分析和公司运营对比是一个较能吸引他们好好和我们坐下来谈的方法。用杜邦分析可以评价企业经营效率和财务状况的比率，再有一两天报告就可以出来，到时约您时间希望能帮忙指导下。

分析层级的回答方式

其实厉害的售前顾问还会更进一步地分析：有了杜邦财务分析、目标公司的运营对比和产业趋势报告，应该可以分析出该客户的问题点。假若是成本问题，那就用产品标准化、将制造移到成本低的地方生产，或者利用先进机器增加生产效率，提高管控能力等方法来改善。

评估层级的回答方式

若是鹰眼般的顾问，会继续阐述想法：也许成本管控并非重点，策略创新可以是另一关注的议题，当然对未来技术的应用如云端、3D print、Big Data 可能也是评估的要素。如果是成本因素，我会安排他一起去拜访我熟悉且曾经实施成功的客户，客户角度的语言沟通和经验分享是最有说服力的（开始提出自己观点）。

创作层级的回答方式

最好的售前顾问则会说：更有突破的方式是提供价值切入，打破游戏规则。把我们从供应商的角色，提升到创新伙伴的层级，不是单纯地提供解决方案，而是价值创造者。我想安排客户去北京的研究院和创新中心，让他感到如果跟着我们走，科技的应用绝不掉队，由接球转成发球，得到主动权，创造新的合作模式（因为他开始尝试完全不同以往的方式）。

经过以上六大层级的答复对比，相信你已经能看出其中的明显差距。然而不经过训练，我们是无法应用如此细腻的手法的，要通过刻意的学习，加上经常的演练，方能摸透其中的精髓。我现在已经习惯于利用这个框架：一来寻知—追溯事物的本质；二来辨别自己对事情的认知程度。有时运用在沟通上，如面谈时或在职场中和同事相处，都可一试，非常有效。

通过 Bloom 分类法对他人的需求或问题形成深度理解后，我们就完成了"一进"的部分，接下来我们在此基础上了解"一出"部分：对他人有效的需求引导。

利用 SPIN 模型有效地引导需求

绝大多数时候，因为对陌生人天然存在防备心理，别人是很难一下子告诉你真正需求的。要引导出正确的需求，通常的做法是利用一连串的关键问题突破对方的心理防卫，把对方无序的想法重新排列组合。当然这并不是一件易事，难怪爱因斯坦曾说：提出一个问题往往比解决一个问题更为重要。因为解决一个问题也许只是数学上或实验上的一个技巧问题，而提出新的问题、新的可能性，从新的角度看旧问题，却需要创造性的想象力。

一个被严格训练过的顾问或销售，一般都能掌握其中的技巧成为一个提问高手，而其中的关键，还是得用上框架的力量，采用一个有效的框架模型，已有的框架模型会支持我们站在巨人的肩上。在众多的框架中，本人推荐最通俗易懂的 SPIN（顾问式销售技巧）模型，这是由尼尔·雷克汉姆（Neil Rackham）提出的。最初运用于营销领域，后来很多顾问也学习这套手法，主要是帮助我们通过观察"受方"的心理变化，引导或创造出对真正的需求的渴望（见图 4-18）。

SPIN 模型是四个英文单词的首字母合成词：

情景性（Situation）：实情探询，收集客户现有问题，用于了解客户现存问题；

探究性（Problem）：问题诊断，诱发客户或帮助客户说出隐性需求；

暗示性（Implication）：启发引导，将隐性需求引导到显性，然后再告知若不解决这个问题的后果影响；

解决性（Need-Payoff）：需求认同后，鼓励客户自己提出满足需求的行动计划。

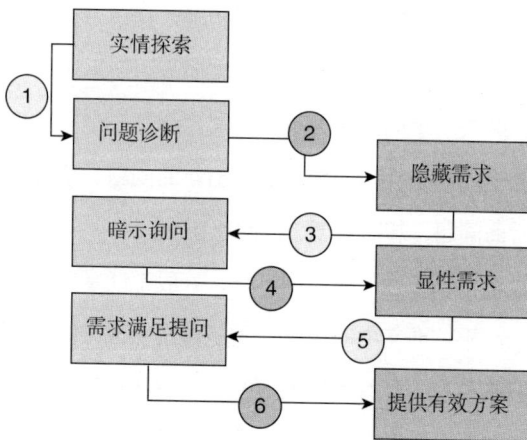

图 4-18　SPIN 模型分析

其精髓是从不断的有效问题的交流过程中，推出对方需要且自身有把握的方案。同样，这里也有一个案例帮助你更好地理解。

SPIN 模型的应用案例

在电影《侠探杰克2》中，退伍少校杰克是个国家英雄，也是当代传奇，没人知道他的行踪。多年之后，因为要与好友特娜叙旧所以返回总部基地，却发现她因为叛国贼的罪名被关进狱中，觉得事有蹊跷的杰克决定查出真相救出老友。一番周折后，他希望找到特娜的辩护律师，以此作为突破口，可惜的是没有人愿意透露辩护律师的姓名，直到杰克找到特娜的一个下士部属杰西。

> 杰克问杰西：你认识我吗？（实情探询期）
>
> 杰西：先生，当然，是我的荣幸！从来没想过可以见到您这位传奇英雄，特娜曾经多次描述过您令人难以置信的事迹。
>
> 杰克：你也觉得特娜不该是个叛国者？（问题诊断→说出隐藏需求）
>
> 杰西：是的，她是冤枉的。
>
> 杰克：那你愿意告诉我，她的辩护律师是谁吗？
>
> 杰西：对不起，先生，我无法告诉您，您知道这是违法的。

是不是卡住了？高 IQ 的你，这时候要怎么问出你想要的答案呢？高人杰克绝不会死缠烂打，因为他把握住了以下几个重点：

- 杰西对他是崇拜的；
- 杰西相信特娜是被陷害的；
- 杰西的需求很明显，但属于隐性表征。

　　杰克继续问：你在入伍时，是否受过下士班长的特别训练，她是不是在你的军人生涯中有着不可磨灭的帮助呢？（启发引导→让对方更能感受真实性）

　　杰西：是的，如果没有她，我不可能成为优秀的军人。

　　杰克：如果有一天，她被陷害了，相信你一定会帮助她。那你会找谁当她的辩护律师呢？（解决性问题→得到想要的结果）

　　杰西：毋庸置疑，托马斯上校是最好的正义化身，我会找他帮忙。

　　看，面对军队纪律高于一切的杰西，杰克运用 SPIN 模型在不让她违规的情况下引导出了想要的结果，轻松完成了读懂他人需求的"一出"部分：有效的需求引导。

　　通过分别运用布卢姆分类法和 SPIN 模型，"一进一出"中我们就能真正读懂他人的需求：

进：利用布卢姆分类法加深对问题的了解；

出：通过 SPIN 模型进行有效的需求引导。

当然，在"一进一出"之前，我们如果能先判断他人的需求层级和需求强度，应用效果则会更好。

关注需求而非需要，需要（demand）是基本的获得，需求（desire）是更深层的欲望和渴望（可参考马斯洛需求理论，本文就不做展开了）。

最好搞清楚需求的强度再下招，需求强度有四层：

第一层：对方有需求，但不主动说出，也不寻求解决方案；

第二层：愿意与人讨论或分享，开始想象是否有解决之道；

第三层：认真构思解决方案，并且愿意承担后续行动的风险；

第四层：开始寻求可以提供方案的伙伴。

需要再次提醒的是，入门和出关皆从如何构建一个问题开始。有了框架才能提出好问题，一个好的问题就如同炸弹的引信，这也是为何管理学大师彼得·德鲁克说："过去的领导者可能是一个知道如何解答问题的人，但未来的领导者，必将是一个知道如何提问的人。而且要找出问题的源头、核心，不要急着去找做法与解答。"

我总结了一张框架图（见图 6-19），供大家参考用来读懂他人需求。

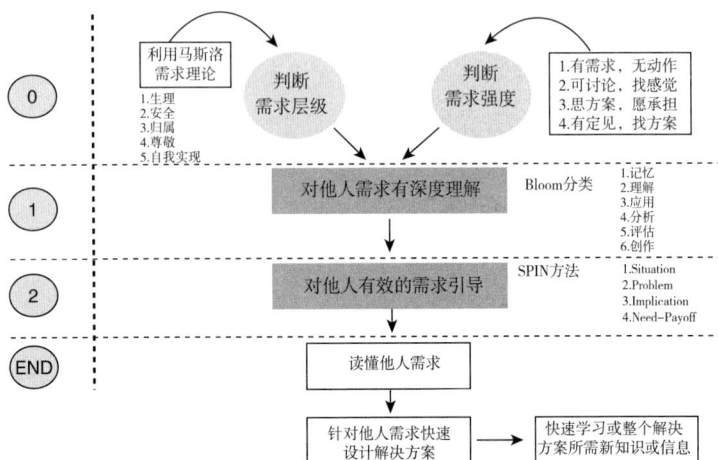

图 4-19　框架图

　　以上框架的原理都很简单，但要真正掌握框架应用的关键还在于多多地实践。遇到难题练不下去了，请教老师或找同好讨论（后者效果可能会更好），获取反馈后再继续练习。几轮来回，应该就可达到受尊敬的等级。

升迁 or 辞职，
这压根就不是问题

替领导买张火车票竟然有这么多门道!

文 / 李青霈

来，先看个职场难题再买火车票

两年前做过一家大型 IT 公司的项目，闲暇时对方一个技术"大牛"老曹（跟我聊天的这人绝对不姓曹，因此请勿人肉）跟我吐槽：他写代码的能力在公司里绝对顶尖，堪称公司的一面旗帜，也备受圈中人追捧。可当开发主管好几年了，一直都得不到升迁。

"团队里的小孩儿，要么太笨，要么太懒，要么不听话，写的程序都不怎么行，只能我亲自来。你说我比任何人加班都多，天天累死累活，升迁居然还没有我的份儿！老板瞎了吗！"我依然记得老曹当时相当不忿的语气。当时我不知道应该跟老曹说啥，就陪着呵呵了几声（现在想起来非常汗颜，给咨询顾问们丢脸了）。入职 YouCore 工作两年后的今天，我突然发现，如果时光可以倒流，我很想对老曹说一句话："曹哥，不是老板瞎了，也不是你不行，而是你最本能的工作方法层次低了！"

老曹本能的工作方法到底层次低在了哪里？

老曹长期从事编程工作，每天主要处理的就是业务部门抛过来的技术难题或软件冒出来的疑难漏洞，因此他形成的工作方法重点是快速处理问题（越快越好），而非发现问题（见图5-1）。

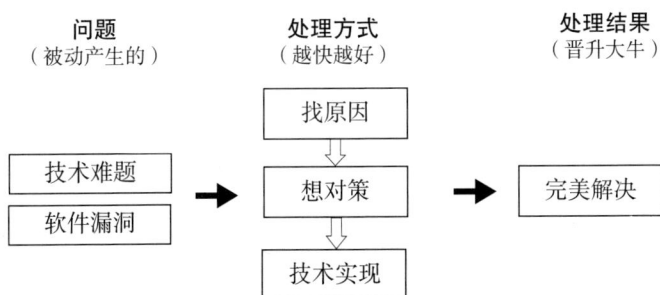

问题
（被动产生的）　　　　**处理方式**
（越快越好）　　　　　**处理结果**
（晋升大牛）

技术难题
软件漏洞　　→　　找原因　⇓　想对策　⇓　技术实现　　→　　完美解决

图5-1　老曹作为技术"大牛"时的工作模式

老曹形成的这套工作方法在他作为程序员单干时是非常有效的，因此当他去干其他事情（比如带团队）时，他依然会不自觉地使用这套已经形成本能的方法（见图5-2）。

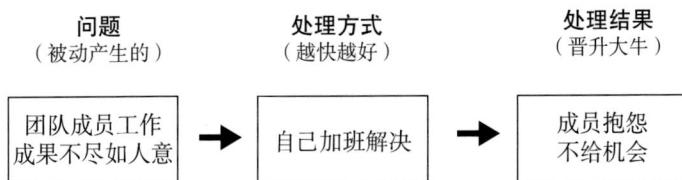

问题
（被动产生的）　　　　**处理方式**
（越快越好）　　　　　**处理结果**
（晋升大牛）

团队成员工作
成果不尽如人意　　→　　自己加班解决　　→　　成员抱怨
不给机会

图5-2　老曹作为团队主管时的工作模式

对比以上两种工作模式，你会发现它们在本质上是一致的：被动地接收问题。编程时是被动接收业务部门提出的问题或软件冒出的问题；管开发团队时是下属已经发生的延迟或错误，以最快的速度解决问题。编程时是第一时间找到满足业务要求的编码方式和定位软件的问题；管开发团队时是自己动手改写下属的代码（因为自己技术最牛，做起来最快）。

工作方法确实没变，结果却大相径庭：老曹华丽地从技术"大牛"转为了管理菜鸟！那么，老曹"以不变应万变"的做法错了吗？肯定不是！

从释迦牟尼到星云大师、从孔子到王阳明、从爱因斯坦到霍金，古今中外的宗教法师、儒家泰斗、物理大师毕生都在追求宇宙的根本规律，也就是可"以不变应万变"的"道"。因此，老曹"以不变应万变"的思路没错，但不变的内容错了。大师们用贴近一般规律的"法"或"道"来应对变幻万千的世界，而老曹用的是仅适用于程序员的"术"来应对变化后的管理工作，方法的层次低了。

买张火车票感受下高层次的工作方法

那么，老曹可以通过啥不变的"灵丹妙药"（突然感觉自己像卖假药的）从技术"大牛"转变为管理"大牛"呢？"药"来了，就是"用框架解决问题五步法"，先让我们帮领导订张火车票感受下这套五步法。

步骤一，界定问题

在我们动手解决任何一个问题之前，首先要做的绝对不是"怎么做"，而是要弄清楚问题"是什么"或应该"做什么"，也就是咱们嘴边常挂着的目标、问题根源、任务描述等。

领导让你帮忙订一张火车票，作为一名合格的助理，你的第一反应绝对不会是动手去买，而是至少先问清楚领导要买去哪儿的，什么时间的，高铁、动车还是普通火车，接受的价位范围是怎样的，等等。若是你的经验够丰富，还应该问清楚是什么档次的票（商务座，一等座，二等座，软卧，硬卧下铺、中铺、上铺）、是否要安排车接送、还有没有人同行等，甚至还要从侧面了解下领导这次为何坐火车去（终于知道当好行政助理也不容易吧）。

步骤二，构建框架

明确了目标、问题根源或任务后，依然还没到动手的时候，你最好先构建出"框架"，也就是做事的策略、方法、步骤等。

还是继续扮演助理买车票吧。假设经过第一步界定问题后，你明确领导的需求是买一张本周六从深圳到武汉的高铁一等座票，是不是立即到 12306 网上订票呢？如果你想干好助理，还是乖乖跟着我先构建一个框架，明确有哪些可以买票的方法吧（见图 5-3）。

有同学可能有疑问，买个破票难不成还要画个逻辑树？其实这个框架在脑子里画出来就行，只是如果我不显性地画在纸上，你也看不到我在想啥啊。

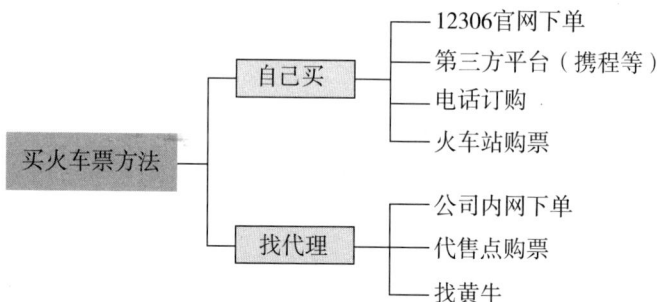

图 5-3　买火车票的方法框架

步骤三，筛选关键

通过构建框架发现如此多的购票方法后，不用我提醒估计你也知道动手时刻尚未到来（啥，你不知道！难不成你会用不同方法各买一张票吗？）

这么多订票渠道，你当然要做好筛选啦。一般情况下，用二八法则选出只要花20%精力、时间、资源就能起到80%效果的办法就行啦。不过这个案例在筛选上会更复杂些，至少要统筹考虑公司规定、领导喜好、购票效率、价格、可靠性等。公司规定、购票效率、价格这些硬条件都好办，但像领导喜好这些软因素就要你平时多观察、多积累了。譬如，公司楼下有个火车票的小小代售点，价格高、出票慢、服务态度还不好，该不该选择呢（见图5-4）？

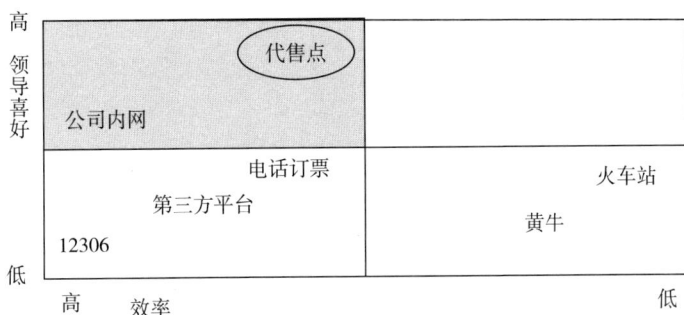

图 5-4　购买火车票决策矩阵

步骤四，高效执行

好了，经过漫漫三大步，终于来到了你原先靠本能就想动手的第一步：买票！这个步骤最关键的就是怎么在合理的时间内，以预算的价钱（钱花得太少有时也是种罪），买到一张（不是两张）真票。是不是有点眼熟啊？对了！就是项目管理里的范围（一张票）、时间、成本和质量（真票）四个要素（见图5-5）。

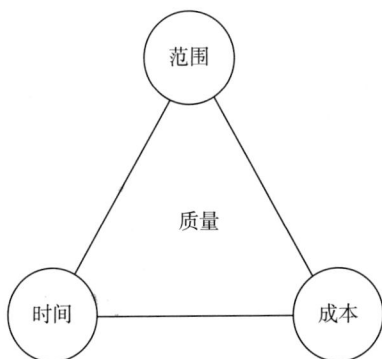

图 5-5　项目管理四要素

那么神奇的项目管理原来就是买了张火车票，自诩"高大上"的项目经理们是不是有点不忿呢？

步骤五，检查调整

原则上做完前四步，事儿就算完了。既然咱都立志做一名天底下最出色的行政助理了，哪能跟一般的小员工一样呢，所以最后必须加上一项"检查调整"，要观察观察领导拿到票和出差回来后的态度，反思整个过程中有无持续改善的环节，争取下次做得更好。

其实这个过程就是PDCA中的C（Check，检查）和A（Action，调整）了。绝大多数人拟个P（Plan，计划）没问题，D（Do，执行）是肯定要做的，但很多时候就是一个P、一个D就完事了，至于是否按Plan来Do、Do得怎么样就不管了。因此同样的事（譬如买票）重复了千遍、万遍，还是那个熟悉的味道。

好了，以上就是一个完整的"用框架解决问题五步法"了，从界定问题开始（发现问题），到构建框架、筛选关键（分析问题），最后高效执行、检查调整（解决问题）（见图5-6）。

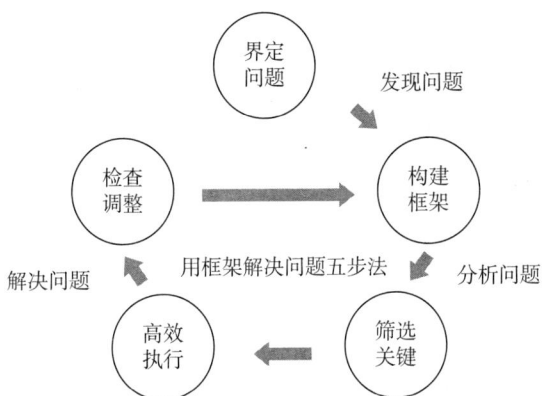

图 5-6　用框架解决问题五步法

用"五步法"帮老曹升个职

火车票买完了，赶紧回来用同样的方法帮老曹升个职吧。还是有五步。

步骤一，界定问题

老曹的目标是再往上升一级，但好几年了都升不上去。这时就可以用 5Why 来界定问题的根本原因了。

为什么老曹会升不上去呢？因为老曹团队的绩效差。

为什么老曹团队的绩效差呢？因为团队的整体能力上不来。

为什么老曹团队的整体能力上不来呢？因为老曹总是直接代替下属去写代码。

为什么老曹会直接代替下属去写代码呢？因为老曹不知道管理

者应该更多辅导下属去做。

为什么老曹不知道管理者应该更多地辅导下属去做呢？因为老曹不知道管理者应有的能力模型。

问题找到了，既然老曹不知道管理者应有的能力模型，他自然不知道自己的能力差距，也就自然不会在工作中采用正确的管理办法来弥补。因此，我们要做的就是帮老曹构建出管理者的能力模型，找到关键差距，再出具对策。

步骤二，构建框架

虽然知道要构建管理者的能力模型了，但能力模型应该是啥样的，两眼一抹黑呀。不急！我们"要站在巨人的肩膀上""不要重新发明车轮"。既然别人已经开发出那么多优秀的框架了，我们直接套一个呗，就用拉姆·查兰的领导梯队模型吧（见图 5-7）。

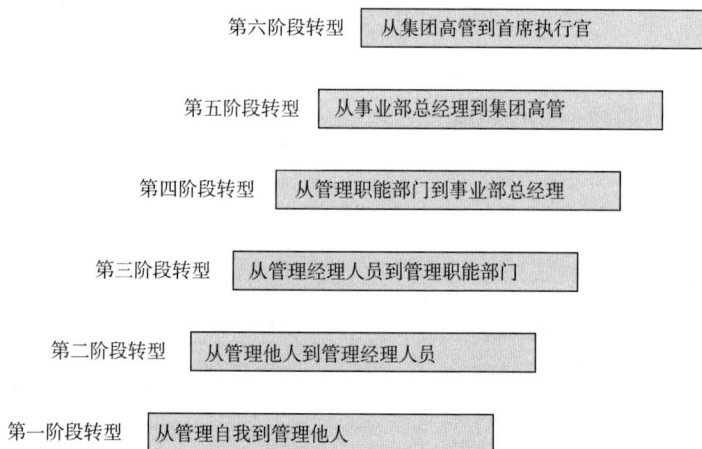

第六阶段转型　从集团高管到首席执行官

第五阶段转型　从事业部总经理到集团高管

第四阶段转型　从管理职能部门到事业部总经理

第三阶段转型　从管理经理人员到管理职能部门

第二阶段转型　从管理他人到管理经理人员

第一阶段转型　从管理自我到管理他人

图 5-7　拉姆·查兰提出的领导梯队模型

根据以上模型，老曹目前处于第一阶段转型，他若想往上再升一级就必须先成功完成第一阶段转型。领导梯队定位明确后，就可以用拉姆·查兰给出的第一阶段管理者的能力框架给老曹把把脉了（见图 5-8）。

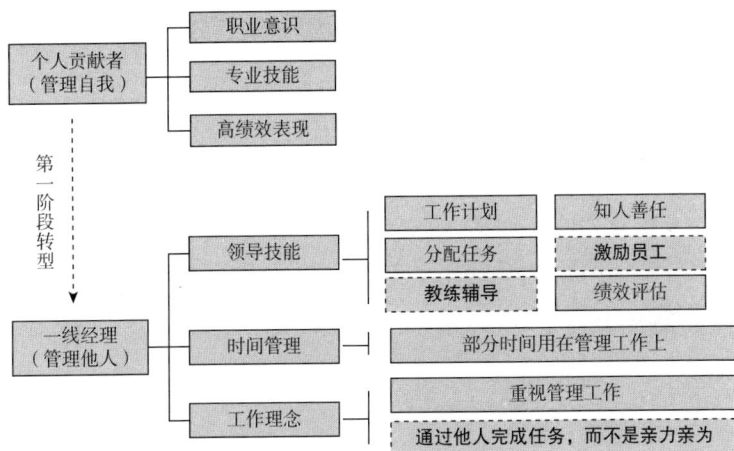

图 5-8　一线经理的能力框架

有了能力模型，老曹就十分清晰地知道作为开发主管需要具备哪些能力，也能清晰地认识到自己各个能力维度的差距了。

步骤三，筛选关键

人的精力是有限的，不可能所有能力嗖的一下就全部提升了（这不是打怪升级），因此还要为老曹筛选出关键能力优先提升。

从老曹遇到的最大困境来看就是团队能力上不来，主要原因就是老曹代替下属写代码，而不是指导他们写代码，因此他最需要优先改进的就是图 5-8 中三项用虚线框标出的能力。

步骤四，高效执行

要改进的能力项也找到了，下面就是执行了，这是老曹的强项，咱就不担心了。

不过有一点提醒，虽然我们反复强调要对下属进行教练辅导，尽量指导下属而不是代替下属写代码，但也要分清楚工作的轻重缓急，以及分配给下属的任务是一次性的还是反复性的。若是任务很急或者该任务是一次性的，适当地自己动手写代码也是必要的。

步骤五，检查调整

检查调整就是要重视 PDCA 中的检查和调整环节了。老曹最好每个月都评估团队成员的能力提升情况、成员满意情况，以及工作完成绩效。根据评估情况针对执行中的偏差给出调整措施，并在下个月严格执行。

看，掌握了更贴近一般规律的工作方法——"用框架解决问题五步法"，老曹就可顺利从技术"大牛"升级为管理"大牛"了。

上面我们用"用框架解决问题五步法"分别替领导订了票、帮老曹升了职。再给你扔个思考题："我表弟屈才的问题，你如何破？"

表弟小卫，大学本科毕业，成绩优异并写得一手好字，被聘为一家新创公司的总经理助理，但在半年后主动离职。理由是：每天处理的都是些琐碎的事情，学不到东西，看不到未来，担心以后碌碌无为。

我问他：你觉得，在你所有的工作中，最没有意义最浪费你时间精力的工作是什么？

表弟：帮总经理报销各种发票。贴好发票，然后到财务去走报销流程，再领回现金给领导。

我又问：你帮领导贴发票报销有半年了吧？通过这件事儿，你总结出了一些什么心得没？

他呆了一下，说道：贴发票就是贴发票，只要财务上不出错，不就行了呗，能有什么心得？

参考分析：

步骤一，界定问题。

小卫的目标是得到重用，才华得以施展，但半年来做的都是琐事。还是用5Why来界定问题的根本原因。

为什么小卫觉得屈才呢？因为处理的都是琐事。

为什么小卫一直处理琐事？因为总经理没有安排重要任务。

为什么总经理不安排重要任务呢？因为小卫没有展现匹配的能力。

为什么小卫的能力没有展现呢？因为小卫不知道怎么通过琐事展现自己的能力。

为什么小卫不知道怎么通过琐事展现自己的能力呢？因为小卫不知道以价值为导向的做事方式。

问题找到啦。既然小卫不知道以价值为导向的做事方式，自然无法通过琐事创造出较大的价值，也就自然不能通过创造的价值体现自己的能力。因此，我们要做的就是帮小卫学习以价值为导向的做事方式，找到关键价值点，再出具对策。

步骤二，构建框架。

小卫贴发票报销属于一种执行性活动，大家熟知的七何分析法（即 5W2H 分析法）就能极大地提升该项工作的价值。七何分析法是二战时美国陆军兵器修理部首创，广泛用于企业管理和技术活动，对于决策和执行性的活动措施非常有帮助，也有助于弥补考虑问题的疏漏。

发票信息按照 5W2H 法简单展开后如下（见图 5-9）：

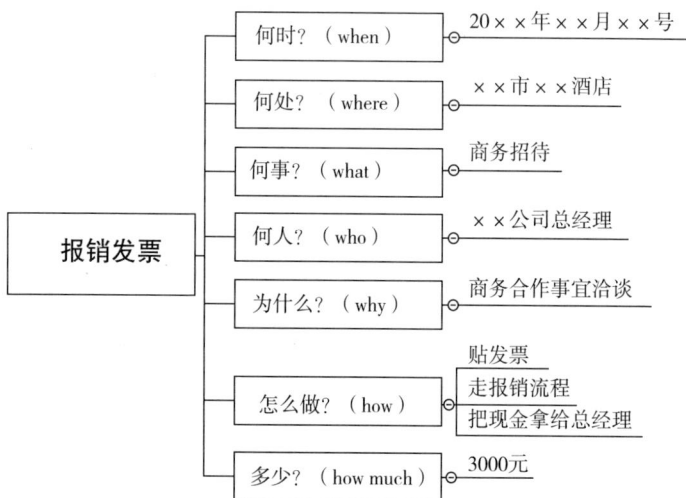

报销发票	何时？（when）	20××年××月××号
	何处？（where）	××市××酒店
	何事？（what）	商务招待
	何人？（who）	××公司总经理
	为什么？（why）	商务合作事宜洽谈
	怎么做？（how）	贴发票 走报销流程 把现金拿给总经理
	多少？（how much）	3000元

图 5-9　报销发票 5W2H

似乎并没有特别的情况。我们接着往下看，发票本身就是一种财务数据的记录，既然是数据，生活在大数据时代的我们必然知道，数据需要有数据量才能分析。当小卫报销的发票多了以后，会是什么样子呢？

数据罗列后，通过不同维度分析，小卫又能得到哪些有效信息？简单举例如下（见图5-10）：

以价值为导向，运用适当的工具模型，简单的贴发票事项就能产生如此多的信息。小卫借此除了把报销款交给总经理之外，还能创造其他的价值（比如数据汇报、趋势分析，甚至提供某些业务需求数据支撑……）

步骤三，筛选关键。

发票数据所产生的数据信息并不是所有都适用的，小卫只需要筛选能够体现自己价值的信息来使用就可以了。

小卫碰到的最大问题就是自身能力没有体现出来，主要原因就是只完成总经理安排的工作，没有产生更多的价值，因此他最需要优先改进的就是在本职工作上体现更多的价值（见图5-10）。

框（初级）：体现做事的条理性，能够快速准确条理地向经理提供各项报销款的信息。

框（高级）：体现做事的规划能力，能够合理地为经理安排各项商务活动，不需要总经理在此类事情上花费过多时间（当然，精于数据分析的同学甚至能展现更多的

发票数据处理

初级-数据记录
1.自己能够详细跟踪每一个事项的报销状况。
2.上司查询向某项报销情况时，能快速给出相关信息。
……

中级-单维度分析
1.何时（when），可按周、按月甚至按年分析总经理在某一类活动的频率（如商务招待）。
2.何事（what），总经理的公务活动规律。
……

高级-综合分析
1.哪一类的商务活动，经常在什么样的场合举办。
2.总经理的公共关系常规和非常规的处理方式。
3.总经理乃至整个公司各方面的经营和运作，费用预算大概是多少？
……

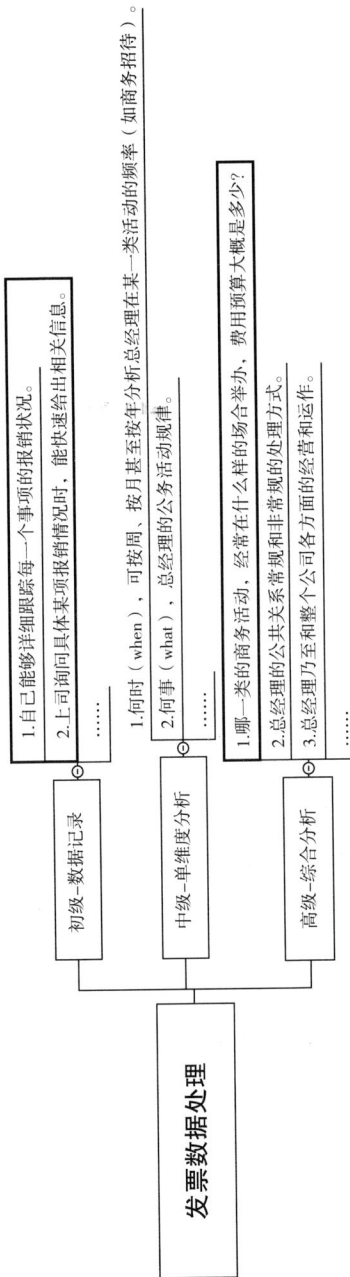

图 5-10　数据罗列之后分析

能力）。

当能力显现出来之后，自然能够得到总经理的赏识，并逐渐被委以重任。

步骤四，高效执行。

要关注的重点找到了，下面就是执行了。有了明确的方向，小卫作为名牌大学毕业的学霸，执行必然也不是难事。

这里有一点要提醒，并不是所有的任务都适用于同一个模型，要根据实际应用情况选取适合的工具模型。

步骤五，检查调整。

检查调整就是要重视 PDCA 中的检查和调整环节。小卫最好每个月都评估一下处理的任务所产生的价值。根据评估情况针对执行中的偏差给出调整措施，并在下个月严格执行。

每周总有 7 天不想处理下属的烂摊子

文 / 缪志聪

高效团队协作的三大特征

最近在 YouCore 训练群中碰到了这样一类典型问题，当事人是某家分公司的总经理，姑且称他为 A 君。A 君手下有 12 员大将，学历也不低，但每次工作分配下去，一半以上的工作结果都不尽如人意。要不然质量不行，要不然压根儿就完不成，搞得很多工作兜兜转转，又回到了自己这里。有时怕他们做不好，A 君有些工作干脆都不布置了，直接自己上，为此积压在手上的事情越来越多，筋疲力尽。

是他布置的任务内容不明确吗？其实也不是。每个人要完成什么任务、任务要求及时间节点，A 君在交代任务时都会明确告知下属，中途还会定期提醒，但不知为何，结果还是令人无奈。

这样的情况可能很多人并不陌生，包括很多暂未进入管理岗位的朋友在和同事进行任务协作时，其实也会出现类似问题。正如"幸福的家庭都是相似的，不幸的家庭各有各的不幸"，组织关系也同样如此。那么，理想的组织关系应该是什么样的呢？

有一种生物其实可以作为人类组织关系研究的楷模：单只简单脆弱，群体却可以成为军团。你可能已经猜到了，就是蚂蚁。它们可以使用泥土、树叶和小树枝建造出稳固的巢穴，其中通道四通八达，育婴房温暖干爽，一些种类的蚂蚁还可以将身体彼此缠绕在一起，形成一座桥，让蚁群通过沟壑。

为什么蚁群会展示出这么强大的团队协作能力呢？科学家们开始着手研究，最终发现，这些弱小的生灵可以产生这样复杂的团队行为，并不是因为蚁后的英明领导，而是源于三个优势。

共同目标

蚂蚁并不存在领导者，去中心，但并不代表无目标，它们都受遗传天性的驱使寻求食物，渴望生存，抵御外敌。

任务简单

每只蚂蚁都可以做到自治，之所以能做到自治，是因为任务简单，每只蚂蚁所做的事情都是自己可以胜任的。

彼此连接

它们能释放化学信号，蚁群中的其他伙伴对此做出反应，也就是我们说的沟通。

了解了蚁群的特性，我们是不是也可以利用这三点高效地管理团队，让背上的猴子有去无回呢？

第一步：明确共同目标。

蚂蚁的目标比较简单，就是寻求食物，渴望生存，所以生下来就达成了共识："为了部落"。但人类就复杂多了，马斯洛的需求层次理论分为五层，所以我们要搞清楚下属的个人目标是什么，团队目标与个人目标交集越多越好。

即使是苹果公司，拥有众多杰出的工程师和优秀的员工，也曾经有一段时间因为缺少一个共同的产品目标，使得很多有趣的东西在公司漂浮着，没办法凝聚在一起，产生伟大的产品。

有了共同目标，才能 1+1 > 2，否则只能是 1+1 < 2。

第二步：分配适中任务。

蚂蚁没有领导者控制，高度自治，一来因为有共同目标，还有一个很重要的原因是对每个个体来说，任务简单，力所能及。我们在团队管理时，也要保证工作任务对团队成员来说难度合适。具体应如何操作，可以参考下面的四个步骤。

首先，保证员工的参与度。在分配任务的时候就让团队成员参与进来，团队成员的自愿挑选再加上你的分配，经过双方的沟通，对任务难度的评估，应该不会出现不可能的任务，而且这种参与感可以激发团队成员的积极性。

柴静在《看见》中提到过一幅漫画：

查理·布朗得了抑郁症，露西问："你是怕猫吗？"

"不是。"

"是怕狗吗？"

"不是。"

"那你是为什么？"

"圣诞节要来了，可我就是高兴不起来。"

"我知道了，"这姑娘说，"你需要参与进这个世界。"

只有参与进这个世界，查理·布朗才会为圣诞节的到来而开心。同样，让团队成员早早地参与进任务，他们才会为任务是否进展顺利、目标是否按期达成而欢喜忧愁。

其次，支持目标达成。团队成员接受任务之后，要定期提交阶段性成果。当你发现偏差时，及时给予辅导和纠偏，让成员感到自己不是一个人在战斗。

摩托罗拉创始人的孙子克里斯托弗·高尔文 1997 年接任摩托罗拉 CEO 时，认为应该充分授权，完全放手，充分发挥员工的能力。由于过于放手，没有适时掌握公司的经营状况，一个月才和高层开一次会，即使知道情况不对，也不加干涉，怕下属难堪。公司日渐衰落，最后他在董事会的指责声中被迫辞职。

放手与干涉要达到一个均衡，就像放风筝，风筝既要放，又要牵。光牵不放，风筝飞不高；光放不牵，风筝最终也会失控落地。

再次，给予正向反馈。信心比黄金更重要，在整个任务的过程中，团队成员取得进展时，我们要给予及时的赞扬。当他们遇到挫折时，除了给予辅导帮助外，精神上也要给予鼓励。

心理学家赫洛克做过一个著名的反馈效应的心理实验。赫洛克把被试者分成四个小组，每个小组都做难度相同的工作。

第一组：激励组，每次工作后给予鼓励和表扬；

第二组：受训组，每次工作后都要严加批评；

第三组：被忽视组，每次工作后都不予以评价，让他们静静地听前两组受表扬或挨训；

第四组：控制组，每次工作后不予以评价，而且和其他三组隔离，也收听不到关于其他三组的评价。

实验结果表明：激励组和受训组的成绩最好，被忽视组次之，控制组成绩最差。而激励组的成绩不断上升，学习积极性高于受训组，受训组的成绩有一定波动。可见及时反馈的重要性，特别是正向反馈，激励更可以促进成员的优异表现。

值得提醒的是，反馈一定要及时。如果说及时的激励是雪中送炭，那迟到的激励就如雨后送伞，效果大不一样。

最后，保证各方满意收尾。每次任务完成之后，建议团队成员在一起对整个工作流程进行集体性总结。这样的好处十分明显，一来可以深化团队感情，因为一般完成一项任务后，同事间关系容易懈怠；二来可以形成一套以后复用的工作框架，这样团队再碰到类似任务时，就不用重新造轮子了，立刻可以简单上手。

第三步：加强沟通联系。

蚂蚁主要通过释放化学信号来进行沟通，我们人类的沟通方式要先进得多，但需要传达的内容也更加复杂。常常出现说话者对听话者说了很多，听话者也连连点头，结果听话者做起事情来大相径庭。一问，往往听话者的回答是"我以为是……"

比较好的做法是，在第一次对话的时候，说话者说完自己的意思，别急着让听话者走，让听话者复述一遍传达的意思，看看是否理解有偏差。为了避免听话者只是死记硬背传达的内容，如果能让听话者用自己的语言复述，效果更佳。

经过这样几个步骤，如果你们团队的任务还是应付得疲于奔命，很大的可能是任务本身已经超出了团队的能力范围，建议尝试下面两种办法：

其一，减少任务总量。 可能之前你们的偶尔表现大大提升了上级的预期，所以下放的任务超出了你们团队的能力。适当地降低上级的预期，一来任务可以少一些，二来如果顺利完成，上级的满意度会更高。毕竟满意度 = 完成质量 - 预期。

其二，寻找外援支持。 如果任务还是艰巨得吃不消，只能寻找外援，将超负荷的工作外包出去，或者招聘新的员工。

作为一个团队的管理者，你可能常常会为了任务堆积在手上，安排不出去而烦恼。如何让任务能交出去，并且不再被推回来，简单来说就是三步：

- 明确共同目标；
- 分配适中任务；
- 加强沟通联系。

如果通过这三步还是不行，很大可能就是总任务已经超出了团队的负荷，建议降低上级预期，减少总任务，寻找外援支持。

只要三步，轻松摆脱 **80%** 的选择烦恼

文 / 缪志聪

为什么做选择会这么难

有刚毕业的粉丝私信说，她最近焦虑着要确认哪个入职通知：一个是银行的核算工作，国企稳定、薪资待遇比上不足比下有余、发展前景论资排辈；另一个是"四大"（指四大会计师事务所：普华永道、德勤、毕马威、安永）的审计工作，外企工作强度大、收入可观、发展全凭能力。两个选择各有利弊，她不想放弃稳定的"金饭碗"，又不想放弃可观的收入。考虑再三，依然无法做出取舍。

我们总是会面临各种选择：也许是在两家公司间做出一个决定，国企银行还是"四大"审计；也许是选择一个自己奋斗的地方，小些的城市还是北上广深；抑或是在两人中选择和谁结婚。面对这么多两难的选择，你是不是经常会纠结呢？

马薇薇在《奇葩说》中说：一个对的，一个错的，那不叫选择——傻子才选错的。两个都是对的，就不怕选择——选哪个都很爽。台下的观众听了，热烈地鼓掌。事实上，即使面临着两个所谓对的选择，你可能依然不爽。比如上面的这位小妹妹，在首先拿到银行入职通知的时候，她觉得工作有了保障，非常开心，随后拿到"四大"入职通知的时候，一看薪酬不错，也很兴奋。随后在面对这两个都还不错的选项时，她却觉得选择异常艰难。

大多数选择之所以难，难就难在影响因素的互有利弊，以及可选项的发展不确定。

影响因素：大多数困难的选择，就在于影响因素多，且互有利弊

比如找工作时，你理想的标准是：钱多事少离家近。不幸的是，99% 的时候你面对的是"钱多事多离家远／钱少事少离家近"之类的冲突。这时，选择困难症就油然而生了，到底是钱多好呢？还是事少好呢？还是离家近好呢？

可选项：对可选项的未来发展有太多的不确定

比如，"四大"薪酬比国企会计诱人，但谁能保证你在未来就一定能顶住压力，不被裁员呢？就像眼前虽然景色宜人，但会不会走着走着就一片荒芜了呀。因此，更纠结了……

如何更好地做出选择

现在你知道选择困难的根源了：影响因素的互有利弊，可选项的未来不确定性。接下来要做的，就是针对这两个根源给出对策了。其实方法很简单，遵照下面三步即可。

第一步：罗列要素，找出影响选择的主要考量标准

将自己想到的所有标准先列出来，比如选择工作，你可以拿出一张纸，在纸的中央写上"找工作的标准"，然后天马行空地想到什么就写什么。最后从中选出主要的几个考量标准，比如工资、提能机会、晋升空间、工作时长和公司距离（见表5-1）。

表5-1　两份工作分析

关键因素＼工作类别	银行核算工作	"四大"审计工作
薪资	薪资待遇中等	收入很可观
提能机会	稳定，机会少	机会多
晋升空间	发展前景论资排辈	凭能力晋升
工作时长	固定，短	强度大，时间长
公司距离	近	远

第二步：去异存同，对每一个选项做考量标准的分析

乍一看，各有优劣，难以取舍。如果可以减少各个选择在指标上的不同之处，直到彼此之间就一个指标不同，不就方便比较了吗？

首先，找出最重要的指标，假设是薪资。在比较其他指标时，就可以以薪资为标准来置换。

例如：如果能将"四大"审计工作的工作强度降低，时间缩短，变成和银行一样，你愿意薪资上牺牲多少？如果回答是牺牲1000元/月，两者的指标是不是就可以变成表5-2这样。

表5-2　置换之后分析

关键因素 / 工作类别	银行核算工作	"四大"审计工作
薪资	薪资待遇中等	收入很可观 -1000元/月
工作时长	固定，时间短	强度大，时间长→固定，时间短

这时已经可以无视工作时长了，因为两者是一样的。

其次，我们可以对其他指标进行类似的置换（见表5-3）：

表5-3　再次置换

关键因素 / 工作类别	银行核算工作	"四大"审计工作
薪资	薪资待遇中等	收入很可观
		+1000元/月（置换机会多）
		+500元/月（置换凭能力晋升）
		-1000元/月（置换工作时间长）
		-100元/月（置换公司远）
提能机会	稳定，机会少	机会多→稳定，机会少
晋升空间	发展前景论资排辈	凭能力晋升→发展前景论资排辈
工作时长	固定，短	强度大，时间长→固定，短
公司距离	近	远→近

最后，两者实际上比的只剩一个指标：薪资（见表5-4）。

表5-4　薪资置换

关键因素 \ 工作类别	银行核算工作	"四大"审计工作
薪资	薪资待遇中等	收入很可观
		+1000元/月（置换机会多）
		+500元/月（置换凭能力晋升）
		−1000元/月（置换工作时间长）
		−100元/月（置换公司远）

如果再简化一下，就成了下面这样（见表5-5）：

表5-5　简化结果

关键因素 \ 工作类别	银行核算工作	"四大"审计工作
薪资	薪资待遇中等	收入很可观 +400元/月

这时候再选择是不是很简单？

第三步：预测未来，评估可选项风险

比如，还以银行核算和"四大"审计工作为例。你认为银行工作稳定，而"四大"的审计工作，你有可能扛不住压力，未来存在着很大的不确定性，内心感到非常不安。这时，你可以对未来做个可能性的推演（见图5-11）。

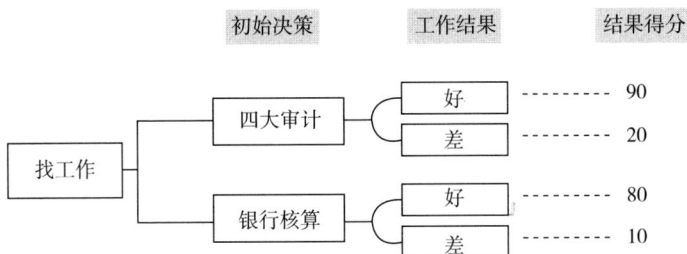

图 5-11　内心推演

那是不是"四大"审计结果得分就是 90+20=110，银行核算就是 80+10=90 呢？既然是推演，我们就要考虑不确定性，也就是概率。假设预计"四大"审计工作做得好的概率是 60%，不好的概率是 40%；银行核算工作做得好的概率是 75%，不好的概率是 25%。

这时，就可以算出四大审计的结果得分是：60%×90+40%×20=62，银行核算的结果得分是：75%×80+25%×10=62.5。银行核算工作 62.5＞"四大"审计工作 62，银行核算工作就侥幸胜出了（见图 5-12）。

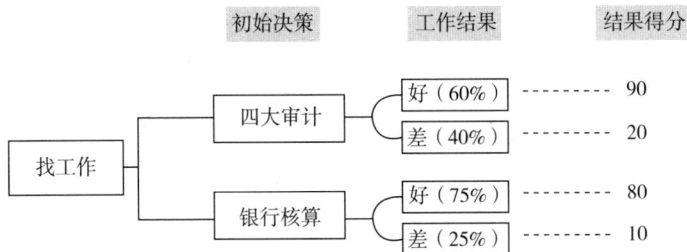

图 5-12　考虑做好工作的概率之后的推演

掌握了如何快速做出合适选择的方法，就会省去很多无谓的纠结时间，减少焦虑，提高执行效率。

这套简单有效的选择实操技巧，能够帮助你在选择时，有效识别影响决策的关键因素，量化未来风险。

别和我谈升职，我想辞职

文 / 刘艳艳

为什么你升职，下属跟你"反目成仇"

最近我收到很多问题，其中有一个问题被提到很多次，具体是这样的：

> 刘老师，最近我真是郁闷啊，这刚升职半个月不到，本来是一件很开心的事儿，但现在我都想辞职了！
>
> 本来跟我同部门有一个关系很好的同事，我们俩工作上配合很默契，特别默契的那种！！就那种我说上半句她就能接下半句，平时的私交也很好。自从我升职以后，她就开始刻意疏远我了。平时不怎么跟我说话也就算了，在工作上给她的建议，她也不听，我给她分配的工作明明在她的能力范围内，可她倒好，要么不交，要么晚交，或者

干脆应付了事……我不就是升个职吗？怎么弄得我跟她有深仇大恨似的！这到底是为什么呀？

从友好的同事、朋友关系突然变成了"熟悉的陌生人"，甚至是"仇人"。到底是什么让昔日的好搭档变成了现在这般局面？

这位同学（我暂且称她为 B 吧）说："我跟之前没什么变化，也没有因为自己升职就表现出很得意的样子，反而变得比以前更低调了，就怕别人说我。我都这么低调了，为什么还是这样！我到底做错了什么？"

在帮助她界定问题之后我发现，B 君并没有意识到，从她被摆到领导位置上那一刻开始，只要她的处理稍有不慎，一种情绪就会在同事的心里作祟，那就是：由嫉妒引发的自我放弃。

所谓嫉妒，就是当我们看到别人拥有和享受着我们想要的东西时，感受到的负面情绪。嫉妒会衍生出两种不同的情绪：一种是"你牛，我放弃"的消极情绪，另一种则是"你牛啥，我也能行"的积极情绪。第一种消极情绪，就是"非暴力不合作行动"的心理根源。要想破解这个魔咒，我们必须先理解以上心理产生的源头。

嫉妒的成因

心理学认为嫉妒因比较而生。嫉妒的产生需要同时满足四个条件（注意，是同时满足）。

第一，别人与我们相似。

每个人都有心理平衡的需要，即人们既然拥有相似的生活、教

278

育、社会背景，那么就应当有相当水平的成就，而对于完全不相干的人，就不容易引起嫉妒了。比如一个乞丐从来不会嫉妒马云，却会嫉妒比他先讨到饭的乞丐。

第二，比较的事物是我们所追求的。

越是事关我们在乎的事情或东西，我们越是容易产生嫉妒。这与我们常说的"你越在乎什么，就越容易在这方面受到伤害"相似。比如你的朋友跟你炫耀自己曾经有过 20 个男朋友，而对于只想交一个男朋友就结婚的你来讲，肯定不会嫉妒，因为追求不同嘛。

第三，主观的不公平感。

主观不公平感的产生，往往是因为我们只看到了结果是别人比我们好，而没有看到他们在得到结果的过程中所付出的努力。所以，我们会觉得别人并不值得拥有那些优势或成就。同事看到 B 升职了，但她并不能理解 B 为何能够升职。

第四，主观上认为自己有能力拥有或控制。

当我们主观地认为自己比别人强，本应该是自己能得到的东西却被别人得到时，我们就会倾向于嫉妒对方。这也意味着"比别人强"只是自己想象中的、主观的，而非现实的、客观的评估结果。也就是"每个人都会天然地自视过高"。

"自我放弃"的成因

当我们嫉妒一个人时，往往会导致两个结果：一个是堕落自己，冷落、对抗他人的敌视态度；另一个是努力提升自己，超越对方的积极态度。

同事对 B 的不理睬、不配合就是第一种结果。它的心理成因是嫉妒激发了她的自我保护机制，产生了"反正我比不过你，我就无视你呗"的心理，进而导致了"我对跟你有关的一切都可以不在乎"的诡异"安全感"。我不在乎我跟你的关系由好变坏，我甚至不在乎因为我的不配合而丢掉工作。然而，这种"我不在乎"的安全感其实不是真的不在乎，而是自己根本没有意识到其可能带来的负面结果。

通过上述分析我们不难总结出来，想要破解嫉妒其实并不难，只要破解掉四个心理成因中的任何一个就可以了。即使没有成功地破解嫉妒，仍然可以通过营造"你牛啥，我也可以"的积极情绪来达成好的结果。

还有另一个问题，低调行事真的能破解嫉妒吗？很遗憾，答案是不能。

B 的低调，在同事看来是什么样的呢？

•"你还不是跟以前一样，跟我没什么区别。"（跟自己相似）

•"你那个职位我也想要。"（共同想要得到的）

•"看你现在还不是那样子，凭什么你就能坐这个位子？"（主观的不公平感）

•"如果这样就可以做管理，我也可以。"（主观认为自己有能力控制和拥有）

显然，问题并没有解决。在嫉妒未被破解的情况下，同事选择了消极放弃，结果造就了一个"非暴力不合作"的下属。因此，我给 B 提出了一个非常反中国文化的解决方案：既然做了管理岗，就要高调做好管理岗。

此时，该如何管好自己的下属

当遇到难搞的下属时，网络上的各种文章给出的建议总结起来大致有三个：一是用同理心，换位思考，了解下属的需求；二是打感情牌，表明对方在自己心中的位置，感动下属；三是为下属谋福利。

这些说得似乎挺有道理。但我很纳闷，作为领导，我们怎么还要花尽心思"讨好"下属？这领导当得也太憋屈了。如果真是这样，谁还愿意当领导呢？

领导就要做领导该做的事，给下属安排工作，下属不听话，任由下属放任、发脾气，如果只是采用上面的那些安抚措施，你永远无法当一个好领导。相反，领导通过强制措施，给下属施加压力，这才是真正帮助下属的方式，也是把团队管好的方式，更是当一名好领导的方式。

前几年在"80后"微信群里很流行的"狼来了"的段子是这么说的：

爷爷说：如果把院子交给你管理，这时猪因饲料不好暴跳如雷，狗因看门太累半夜睡觉，驴因磨坊环境太脏无精打采，你怎么办？

孙子说：我要给猪换饲料，合理安排狗的工作量，改善驴的磨坊环境，安抚它们，稳其心。

爷爷暴跳：你这败家孙子！你应该告诉它们狼来了！

这个故事告诉我们：一味地满足对方需求，迎合对方，并不能把团队管理好。最佳的方法是为员工营造一种危机环境，给对方施加一定的压力，既能让对方清晰地意识到自己的处境，也能让对方更容易接受我们的意见或建议，甚至激发他们的潜力。

我以三年咨询从业经历中遇到的超20家企业的沉痛实践经验向你们保证：领导者可以是个好人，但管理者不行。

针对B这样的情况，营造不安全感可以从两个方面着手。

创造共同的外部压力

创造共同压力的目的是让下属觉得你们是站在同一战线上的，压力是外部给她的，而不是你给她的，而且压力由你和她一起承担。这样她就不会针对你，反而会理解你。

比如，B在给下属安排工作的时候，要让她觉得不是自己在要求她做，而是大领导或客户（外部环境）要求你们完成，这样下属就不会以为是B在命令自己做事，或者是为B做事，从而减少了对工作的抵触。

创造个人的工作压力

创造个人的工作压力目的是一方面要按规则办事，另一方面要让对方觉得自己随时可以被取代。

如果不按规则办事意味着会受到相应的惩罚。比如按规定你这个月应该完成 10 个订单，但是如果只完成 5 个，那么你就会被扣工资。值得注意的是，为避免下属不认账的情况，工作的规则要经过每个参与人员同意且确认，这也符合人们"承诺一致"的心理。让下属觉得自己随时可以被取代，意味着告诉他们：你尽管与我对抗，我也不在乎，因为你对我构不成威胁。

印象很深刻的是电视剧《我的前半生》中的工作狂人密斯吴让子君跟她第二天一起去杭州出差的时候，子君说她儿子那天生日，密斯吴来了一句：那可以，我找其他人做吧。密斯吴这样做有两个用意：其一你同意我的安排，说明态度还算端正，继续考验；但是如果你仍然不同意我的安排，那么意味着你不适合继续在我的团队里。

所以，管理者在管理团队时也要做好最坏的打算，B 应提早寻找可替代同事的资源，视公司情况进行外部招聘或内部培养，并且要让她知道她不好好工作，就会有人取代她。

总体而言，作为团队中的管理者，我们不是为了用权力压制或讨好下属，而是为了完成团队目标而做出最优决策；也不是一定要用尽方法挽留所有员工，目的是把适合的人员留在队伍中。

以上措施可根据团队的实际情况应用，但要彻底让对方改变对你的嫉妒，从长期来看，还是要通过实力证明自己的确可以胜任主管的职位，她就会发自内心地把嫉妒转为佩服或羡慕。

下属不听话，原因千千万万，这就是考验你的团队领导力的时候，恰恰也是提升你团队领导力最有效的时候。如果你能把最难啃的骨头都啃干净，你就所向披靡了。

最后希望大家能够记得——管理团队成员并不是一味地安抚对方，给予对方恩惠。若只靠安抚，必然失败！管理团队更应该有强大的过硬手腕。只有这样，才能树立自己作为领导的威信，你的下属才会信服你，听从你的管理。

附录 核心概念及工具包索引

D					
序号	工具包名称	关键内容	主要应用场景	提及文章	所处页码
1	大公司的四大价值	价值1 职场镀金 价值2 感受优秀的管理方式 价值3 与优秀的人同行 价值4 提升眼界	1. 不知道自己要不要进大公司; 2. 进不了大公司,但同样希望能获取同等收益	《不懂这四点,你即使去了大公司也没用》	P028

G					
序号	工具包名称	主要内容	应用场景	提及文章	所处页码
1	工作总结四步法	一要:界定清楚这次工作报告是在什么场合下,面向谁,准备达成什么目的 二套:自上而下地套用一个契合的框架是效率最高的方法 三升:升华工作价值,将自己的工作和公司的全局工作联系起来,将自己的工作价值和公司的战略关联起来 四填:填充工作细节	1. 工作汇报 2. 年终总结	《会写工作总结的人,更容易升职加薪》	P120

G					
序号	工具包名称	主要内容	应用场景	提及文章	所处页码
2	高效协作	第一步：明确共同目标 第二步：分配适中任务 第三步：加强沟通联系	团队共同在完成一项任务	《每周总有7天不想处理下属的烂摊子》	P264

H					
序号	工具包名称	关键内容	主要应用场景	提及文章	所处页码
1	行业分析框架	1.宏观分析（PEST模型） 2.市场分析（市场总量分析.细分市场分析） 3.行业分析（产业链分析关键成功要素KSF） 4.竞争分析（价值链、渠道、财务、核心能力等）	1.跨行业进入一家新公司时，可以快速建立对行业的全局理解 2.从事咨询或市场分析工作，可以快速建立对陌生行业的全局理解	《没学历、没经验，凭什么你就敢按本能行事》	P087
2	红叶子理论	步骤一：识别自己的优势能力，也即红叶子 步骤二：选择自己重点发展的红叶子 步骤三：以应用为目标发展红叶子	在外部环境难以预测下，培养自己的核心能力	《为什么找到好工作的，从来不是你》	P016

J					
序号	工具包名称	主要内容	应用场景	提及文章	所处页码
1	解决问题五步法	步骤一 界定问题 步骤二 构建框架 步骤三 筛选关键 步骤四 高效执行 步骤五 检查调整	高效解决问题	《替老板买张火车票，竟然有这么多门道！》	P248

J					
序号	工具包名称	主要内容	应用场景	提及文章	所处页码
2	90-20-8法则	90分钟是一个人带着"理解"的能力能倾听的最长时间 20分钟是一个人带着"吸收"的能力能倾听的最长时间 8分钟是必须要调动学员的时间节点	演讲、讲课等某一方集中发言时	《一上台就尿？神秘公司流出秘籍简单五步治尿》	P182
4	决策模型	第一步：罗列要素，找出影响选择的主要考量标准 第二步：去异存同，对每一个选项作考量标准的分析 第三步：预测未来，评估可选项风险	做决策时，能对各个要素的影响做可量化的评估	《只要三步，轻松摆脱80%的选择烦恼》	P271

L					
序号	工具包名称	主要内容	应用场景	提及文章	所处页码
1	灵感激发	1. 基于工作或任务目标构建信息加工框架 2. 运用框架输出信息以对框架进行优化 3. 有意识地重复应用框架，直至大脑形成本能储存到潜意识中去	1. 做工作汇报 2. 总结项目工作	《会写工作总结的人，更容易升职加薪》	P120

P					
序号	工具包名称	主要内容	应用场景	提及文章	所处页码
1	PDCA	P（Plan，计划） D（Do，执行） C（check，检查） A（Action，调整）	项目管理	《替老板买张火车票竟然有这么多门道！》	P248

R					
序号	工具包名称	主要内容	应用场景	提及文章	所处页码
1	人脉构建三步法	阶段一：感性的单向冲动 阶段二：理性的互惠关系 阶段三：健康的价值流动	想要构建有效人脉时	《不做老好人，三步打造有效人脉关系》	P134

S					
序号	工具包名称	主要内容	应用场景	提及文章	所处页码
1	SMART	Specific：目标要具体 Measurable：目标要可衡量 Attainable：目标要可实现 Relevant：实现此目标与其他目标的关联情况 Time-based：目标要有时间限制	设定目标时	《怎么能在混吃等死的日子里，鼓起劲好好做成一件事》	P063

（续表）

			S		
序号	工具包名称	主要内容	应用场景	提及文章	所处页码
2	授课准备五步法	步骤一：框架化内容。这其中包括授课对象、核心诉求、授课目标，各部分讲课的目的及内容、讲课形式、执行人及注意点等 步骤二：切时间。根据90-20-8法则，合理安排讲课形式和时间 步骤三：幽默开场。善用YouCore的三大幽默类型：嘲讽、归缪和两性关系 步骤四：提问题。新手讲师最简单有效的互动方式 步骤五：有力结尾。峰终定律和过程忽视理论已经告诉我们原因了	1.内部分享经验； 2.兼职或初级讲师	《一上台就尿？神秘公司流出秘籍，简单五步治尿》	P182
3	三大幽默类型	嘲讽、归谬、两性关系	1.需要活跃气氛； 2.自己太过紧张，需要缓解	《一上台就尿？神秘公司流出秘籍，简单五步治尿》	P182
4	3P	Permission，接受现实，正确看待完美主义 Positive，走出挫败和抑郁，步子往前迈 Perspective，转换视角，探究问题本质	认真事物本质，破解完美主义假象	《还在追求完美主义吗？别傻了！》	P128

（续表）

		T			
序号	工具包名称	主要内容	应用场景	提及文章	所处页码
1	体系化碎片式学习三步法	步骤一：定一个应用目标 步骤二：建立知识体系框架 步骤三：碎片化输入体系化积累	在碎片化时间内如何高效学习	《关于碎片化学习，看这一篇就够了！》	P218

		W			
序号	工具包名称	主要内容	应用场景	提及文章	所处页码
1	WISE	1. 有意愿（Willing） 2. 有兴趣（Interesting） 3. 你擅长（Strength） 4. 找平衡（Equilibrium point）	找工作时，无须苛求自己找到一份完美符合 WIS 的使命工作，找到一份达到三者平衡的工作即可	《工作生活要平衡，先问自己配不配！》	P022
2	WOOP	1. 设定一个内心的愿望（wish） 2. 如果完成最好的结果（outcome）是什么 3. 在实现愿望过程中遇到的障碍（obstacle）是什么 4. 为了克服障碍，你计划（plan）怎么做	转换视角，探究问题本质	《还在追求完美主义吗？别傻了！》	P128

X					
序号	工具包名称	主要内容	应用场景	提及文章	所处页码
1	信念转化五步法	步骤1：写出做不到的理由 步骤2：逐个检验 步骤3：写下你曾经抛弃的信念 步骤4：转化为能做到的信念 步骤5：固化为绝对正确的信念	将自我设限的信念转化积极的"能做到"的信念	《你是如何在职场上谋杀掉自己的》	P077
2	项目管理四要素	时间、范围、成本、质量	项目管理进行合理资源调配时	《替老板买张火车票竟然有这么多门道！》	P248
3	学习焦虑剖析	1. 不知道学什么 2. 不知道如何学 3. 怎么都学得慢		《这可能是史上最有效破解学习焦虑的方法了》	P176

Y					
序号	工具包名称	主要内容	应用场景	提及文章	所处页码
1	应用型学习步骤	1. 从解决一个具体的问题开始 2. 创造应用场景 3. 获取正向的即时反馈	应用类学习	《自控力不强的人，就没资格学习了吗》	P170

Y					
序号	工具包名称	主要内容	应用场景	提及文章	所处页码
2	应试三技巧	1. 能力树中找节点，对抗目标不明 2. 应用框架定计划，对抗计划不清 3. 应用框架巧学习，对抗学不得法		《我努力了，为什么考试还是通不过！》	P203